しずおか自然史

NPO静岡県自然史博物館ネットワーク編

池谷仙之 監修

はじめに　―静岡県に自然史博物館を！―

地球の年齢は46億歳になる。この歳まで地球は何をしてきたのか。さぞかし、多くの出来事を体験してきたに違いない。地球に寿命があるとするなら、この先、何年くらい存在するのだろうか。生物はこの長い地球の歴史の一コマとして、およそ38億年前に誕生した。この生命の誕生によって地球環境は変化し、その環境がまた生物の進化を促進してきた。このように、生物と地球の環境は互いに絶えず密接に影響し合いながら今日に至っている。現在、私たちが認識している生物は200万種ほどであるが、すでに絶滅してしまった化石種や、直接見ることのできない地下深部や深海底などに生息する、まだ名前のない生物たちを含めると、この地球上にはおびただしい数の生命体が生まれたことになる。これらの生命の営みと生命を育んできた地球の営みが「自然史」なのである。

私たちはこの地球の「自然史」を理解し、「生命とそれを取り巻く環境」を大切に守っていかなければならない。これは21世紀の人類に課せられた最大の責務でもある。「自然史」を理解することは、身の回りの豊かで神秘に満ちた自然の「ふるまい」を五感（視・聴・嗅・味・触）で感じ取ることからはじまり、この自然の「ありよう」をもっと深く知りたいと思う知的活動に他ならない。しかし、単に「花鳥風月を五感で感じ取る」だけでは、自然の「理（ことわり）」を理解することにはならない。自然

朝霧高原で野鳥を追ったNPO静岡県自然史博物館ネットワークの自然観察会（2007年6月）

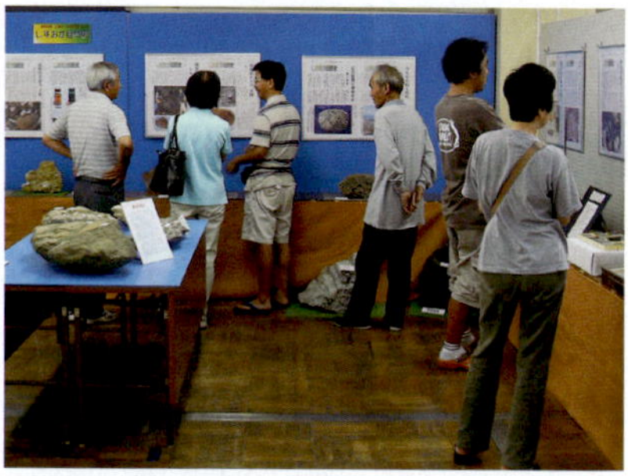

静岡市清水区辻の静岡県自然学習資料センターで開かれたミニ博物館の展示風景（2008年8月）

の神秘とその摂理を深く理解するためには、まず自然観察法や標本の採集・整理・保管法などの基本を学んだ上で、さらに深く学術的な探求が必要となる。これらの過程をサポートするのが自然史博物館なのである。静岡県下には、100を越す自然史系の学会や研究会、同好会が活動している。このようなグループに直接参加していなくても、私たちは「自然」を愛し、日々何らかの形で「自然」と深く関わり合っている。NPO静岡県自然史博物館ネットワークはこのような自然を愛する人々を支援し、その活動の拠点となるような博物館をつくり育てていきたい。

静岡県は3つのプレート境界をもち、日本列島を東西、南北に分断する大断層が走り、駿河湾の最深部から富士山の頂上まで約7000メートルの標高差がある。この特異な地質と地形は豊かな自然を生み、動植物の生息分布を規定している。まさに日本を代表する全ての自然の要素を兼ね備えた自然史博物館そのものである。

今回、静岡新聞の日曜版に約2年半にわたり連載された「しずおか自然史」を一冊にまとめて出版することとなった。それぞれに専門的な知識を有する方々の執筆によった、静岡の自然史を知っていただければ幸いである。

NPO法人 静岡県自然史博物館ネットワーク 代表

池谷仙之

CONTENTS

Chapter 04

静岡県で注目すべき動植物　139

Chapter 05

変わりゆく生物界　207

Chapter 01 静岡県の土台

静岡県の土台はいつどのようにしてできたのか。
３つのプレート境界をもち、列島を分断する大断層が東西・南北に走る。日本一高い富士山と最深の駿河湾の標高差は 7000m に達する。急深な４大河川と浜名湖の周囲には特異な地形が形成されている。

笹ケ瀬隕石

県内で発見された唯一の隕石

1年は元旦から始まるが、自然史は隕石（いんせき）から始まる。なぜなら、大部分の隕石が太陽系の誕生時に形成されたからである。地球の誕生が約45億年前であることも、隕石の研究によって判明した。現在、世界全体で2万個以上の隕石が回収されているが、県内では笹ケ瀬隕石のみである。

笹ケ瀬隕石は1688年（1704年という説もある）に浜松市笹ケ瀬（現在の地名は篠ケ瀬町）の増福寺近傍の畑へ落下した。落下記録が残っている隕石としては国内では3番目に、世界でも19番目に古い。石質の隕石で、球状の粒を含んでおり、球粒隕石と呼ばれる種類に属する。その中でも最も落下頻度が高い普通球粒隕石に分類されているが、笹ケ瀬隕石が特に注目されるのは1688年という落下した年である。

太陽の黒点が減ると、銀河宇宙線（太陽系外から飛来する高エネルギー粒子）が強くなる現象が観測されている。1645年から1715年までの約70年間は、黒点がほとんど観測されなかった時期（発見者に因んでマウンダー極小期と呼ばれている）で、銀河宇宙線の強度が、どの程度、宇宙空間で増大したのかは分かっていない。

隕石を構成している元素に銀河宇宙線が衝突すると、別の元素に変化し、放射線を出し始めるので、当時の銀河宇宙線の強度に関する情報が笹ケ瀬隕石の研究で得られるはずである。この時期に落下した隕石は8つ知られているが、笹ケ瀬隕石以外は落下記録の信憑（しんぴょう）性が低く、研究には適さない。

マウンダー極小期の間、地球全体が寒冷化していたことが知られているが、その原因は不明で、銀河宇宙線の増大が影響したという仮説が提唱されている。笹ケ瀬隕石の分析によって、この仮説を検証することができるかもしれない。

笹ケ瀬隕石は県の天然記念物に指定され、現在、浜松市科学館に展示されているが、科学的に重要な隕石であるにもかかわらず、詳細な研究はいまだなされていない。今、陳列棚の中で分析される日を静かに待っている。　（佐々田俊夫）

国内で 3 番目、世界で 19 番目に古い「笹ケ瀬隕石」
（浜松市科学館蔵）

静岡県の生い立ち

多様な自然を生み出す源泉

東西に長い静岡県は、中央部を南北に流れる安倍川付近を境にして、その東西でまったく異なる地質からなる。西側は「西南日本」と呼ばれ、四国や紀伊半島、愛知県から続く約2500万年前以前に海で堆積（たいせき）した地層や変成岩が分布し、東側は「フォッサマグナ」と呼ばれ、西側よりも新しい時代の地層や火山岩が分布する。この日本列島を二分する南北の大断層が「糸魚川ー静岡構造線」である。

西南日本には、四国の徳島から伊勢、豊橋、佐久間を通り諏訪に至るもう一つの大断層「中央構造線」があり、静岡西部地域はその南側にあたる。大部分を占めるこの山岳地域は約3億年前から2500万年前にかけて深い海底で堆積した砂岩や泥岩などの堆積岩からなり、また山地南側の丘陵地域は約2500万年前以降に浅い海底で堆積した砂や泥の地層と約100万年前以降に急激に隆起した山地から供給された礫（れき）層からなる。

フォッサマグナは「大きな割れ目」という意味のラテン語で、約2500万年前以降に西南日本と東北日本（千葉県銚子から新潟県柏崎をつなぐ線より北側の本州）との間にできた南北につながる深い海だった地域である。

この深い海は北東側の関東山地や丹沢山地の隆起とその後に起こった赤石山地の隆起により供給された砂礫によって埋積された。フォッサマグナは300万年前までは海だったため西から移動してきた動植物が東側へ渡れず、富士川付近の東西で異なった生物分布が見られる。また、伊豆半島は約 2500 万年前以降の海底火山にともなう地層やその北部には数十万年前以降に噴火した陸上火山がそびえる。

駿河湾から遠州灘にかけての南海トラフでは、フィリピン海プレートが沈み込み、東海地震の予想震源域とされている。県下の大地の形成過程については地質図を読み解くことによって理解することができるが、まだ未知の部分も多く、さらなる調査研究が必要である。そのためにも自然史博物館の早急な設立が望まれる。　　　　　　　（柴　正博）

中央構造線

静岡県を横切る大断層

静岡県下には日本を代表する二つの大きな断層がある。「中央構造線」と「糸魚川－静岡構造線」である。「構造線」とは、これを境にして両側で大きく地質が異なることを意味する。中央構造線は、関東山地から九州まで総延長1000㎞に達する日本列島最大の断層で、急峻で複雑に浸食された山間部でも、この断層に沿って直線的に形成された谷地形を見ることができる。

県内の中央構造線は浜松市天竜区佐久間町と水窪町をほぼ北東方向に横切り、「北条峠の中央構造線」として県の天然記念物に指定されている。この断層線に沿う「破砕帯」の幅は普通、数十m以上あるが、佐久間町浦川の大千瀬川では100mの規模をもつ。また、地下15㎞付近での断層運動にともなって形成されたマイロナイトと呼ばれる岩石も露出する。

日本列島の地質構造は、中央構造線を境にして大きく異なり、日本海側を「内帯」、太平洋側を「外帯」と呼んでいる。北条峠や浦川の大千瀬川の北西側には、赤紫色の領家変成岩類（火山帯の熱源近くでできた）と白色の花崗岩類が、また南東側には暗緑色の三波川変成岩類（プレートの沈み込みで地下深部に運び込まれてできた）が分布している。

しかし、この中央構造線の実態を容易に観察できるところは数少ない。JR飯田線浦川駅を起点とした大千瀬川沿いは、その中でも選りすぐりの観察ルートである。

島中峠の300m北西には中央構造線が浸食されて形成された断層鞍

JR 飯田線浦川駅南西の丘から北東方面を望む。中央構造線は中央の鉄塔下（島中峠の左側）に V 字谷となって現れ、線路の左側に沿って続く）

部（ケルンコル）が見られ、大千瀬川の中洲には三波川変成岩類が、島中峠の飯田線トンネル上の国道沿いには破砕された三波川変成岩類が、その上流の錦橋（きんばし）ではマイロナイトが、さらに上流には領家変成岩類と花崗岩が露出している。

長野県には「中央構造線博物館」があり、野外観察ルートもよく整備されているが、静岡県でもこのような野外観察ルートを整備したいものである。　（道林克禎）

南アルプス

1億年前の深海底が隆起

南アルプスの山頂付近に見られる濃緑色の岩石は深海底起源の玄武岩と呼ばれる火山岩であり、また赤石山地の名の由来となっている赤褐色の緻密な固い岩石は、微小なプランクトン（放散虫）の死骸が深さ数千mの海底に降り積もってできたチャート（珪岩）と呼ばれる堆積岩である。

一方、これらの岩石の周囲に分布する砂岩や泥岩は、大陸から運ばれた砂や泥の粒子が深海底に堆積してできた地層である。このチャートや泥岩層から産出した放散虫化石から、南アルプスをつくる地層は1億年前以降に堆積したことがわかる。

このように、海洋底起源の玄武岩やチャートと大陸起源の地層とが混在する南アルプスの大部分は、1億～2000万年前にプレートの沈み込み帯に沿って寄せ集められた地帯（付加体と呼んでいる）なのである。

しかし、これだけでは日本列島の中で最も突出した山岳地帯にはならない。実際、200万年前以前には、この付近一帯は起伏の少ない低地だったらしい。山地として本格的に隆起しはじめたのは100万年前ごろからである。この隆起の開始は、後に紹介される南部フォッサマグナでの伊豆半島との衝突と密接に関係している。

南アルプスが現在の高さになるには、100万年前から年間3㎜前後に達する世界第一級の隆起速度が必要である。安倍川上流の大谷崩に代表される「崩」や「薙」という地名の崩壊地が多数存在しているように、隆起した山地が浸食されることを考慮すると、実際の隆起速度はそれ以上であったと推測される。数万年前ごろの南アルプスの山頂付近は氷河に覆われていて、その痕跡が荒川三山周辺のカール（圏谷）として残されている。

南アルプスは深海底から隆起して山脈となり、今なおその地形は変化しつつある。まさに大地の動きを伝える「まるごと自然史博物館」ともいえ、現在、静岡市を含む関係市町間で「世界自然遺産登録」を目指す活動が始まっている。

（狩野謙一）

冠雪した南アルプス連峰（2006年11月、本社ヘリ「ジェリコ1号」から）

富士山

なぜ、そこにあるのか？

日本一の富士山。静岡県の東の平野に忽然（こつぜん）とそびえる独峰の火山は、その形も高さもさることながら、山体の大きさも日本列島の中で抜きんでている。万葉の時代から詩歌に、絵画に、そして多くの書物に記述されてきたが、「富士山がなぜそこにあるのか」という問いに多少とも答えられるようになったのはごく最近のことである。しかし、この神々しいばかりに秀麗な富士の姿は決して永久的なものではない。

富士山の北西側は1000万年以上前の海底火山の噴出物などからなる天子、御坂、丹沢の山地が囲み、南東側は伊豆半島を形成する火山物質の基盤の上に箱根、愛鷹の新しい火山が覆っている。

この富士山は時代の異なる３つの火山、つまり10万年前以前の小御岳（こみたけ）、10万年前以後の古富士、１万年前以降の新富士火山がほぼ同じ場所でつぎつぎに噴火して積み重なった３階建ての構造をしている。このことを初めて明らかにしたのは富士山地質研究の先駆者、津屋弘達（ひろみち）先生であった。

富士山は宝永の噴火（1707年）以来300年間ほど活動を休止しているが、最近、山頂直下でマグマの動きを示す低周波地震が活発になり、「噴火の前兆かもしれない」と多方面からの研究が進められている。山麓（ろく）で行われたボーリング調査によると、土台の小御岳の下部に性質の異なるマグマの活動が知られ、山体の構造が実は四階建てになっていることがわかった。

火山の構造や噴火の歴史、噴出物が詳しく解析されても、「なぜそこ

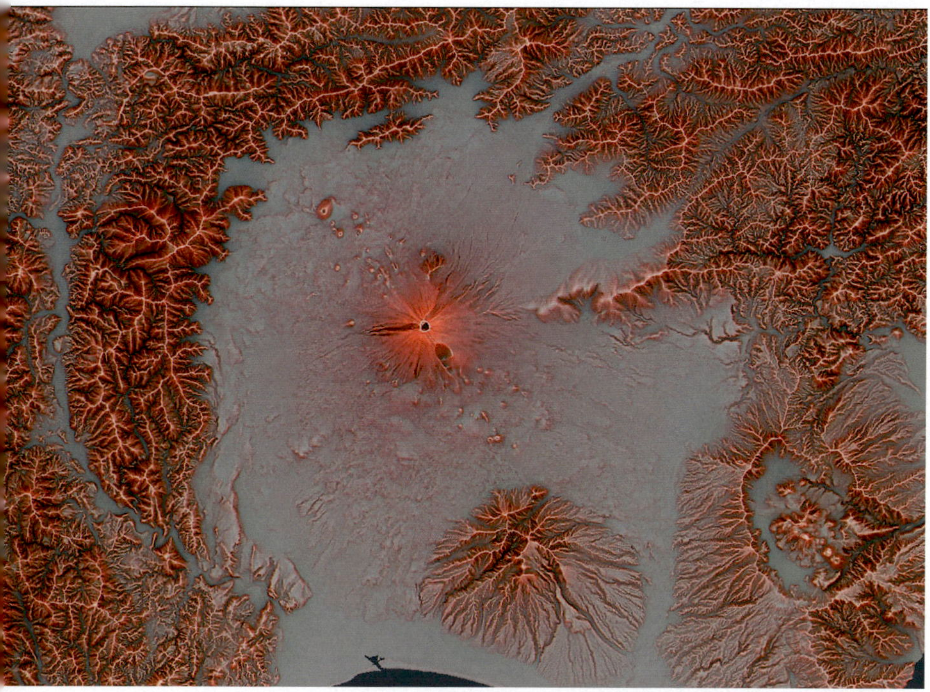

レーザー光を用い植生や人工物を取り除いた富士山周辺の高精度航空赤色立体地図（国土地理院のデータからアジア航測 KK 作成）

にあるか」の答えにはなっていない。富士山がそこにある理由は、山体をつくるマグマの供給源であるマントルから地殻深部にかけての情報を知らなければならない。

富士山はフィリピン海、ユーラシア、北アメリカプレートがせめぎあう世界でも特異な三重点の真上に位置し、日本海溝に沈み込むプレートによってできる大量のマグマが他の火山に比べて深いところに供給されていることなどが明らかになってきた。

いずれ再開されるであろう火山活動に備えて、ようやくハザードマップが作成され、観測も整備されてはきたが、富士山が生きていることを忘れてはならない。

（和田秀樹）

駿河湾

北極海からやってきた深層水

駿河湾はフィリピン海プレートがユーラシアプレートの下に沈み込むことによって形成された。二つのプレートは湾の中軸部で逆断層で接し、駿河トラフと呼ばれる深い海底谷となっている。この海底谷を陸側に追跡すると富士川の河口につながり、沖合では南西に屈曲して南海トラフに続く（トラフとは峡谷状の地形を意味する）。

水深は湾口部で 2800m にも達し、湾としては世界で最深のレベルである。面積のほぼ等しい東京湾の最大水深が 70m であるのに対して、駿河湾の水深は 30 倍以上も深い。

この驚くべき急深な駿河湾は海岸付近でも波浪や湾流のエネルギーが弱まらない。そのため、江戸湾岸で大規模な埋め立て工事を行った徳川家康も、駿府で行えなかったのは、この特異な地形に一因があったと思われる。

最近の海岸浸食は特に激しく、護岸のために設置した波消ブロックも急深な海底下に落下してなかなか定着しにくい。

駿河トラフの東側（伊豆半島側）の斜面は火山岩からなる比較的単調な地形であるのに対して、西側（静岡側）の斜面は堆積岩からなり、御前崎から北北東に延びる水深 1000m ほどの石花海（せのうみ）海盆をつくる沈降帯と、有度丘陵から石花海堆につづく隆起帯とがある。

良好な漁場となっている浅瀬の石花海堆は 100 万年前以降に隆起し始めたと考えられており、その速度は 1000 年で 25㎝と見積もられている。しかし、これらの隆起はプレート運動に関わるものであることは確かであるのだが、なぜ駿河湾に隆起帯ができるのか、その詳細についてはまだ解明されていない。

名産であるサクラエビをはじめとする深海生物種も豊富であり、沖合約700mから取水している深層水はミネラルを多量に含んだ無菌に近い海水として利用価値が高い。

この駿河湾の深層水はどこから来たのだろうか。最近の研究によると、冷たいグリーンランド沖の表層水が海底に沈み込み、深海を移動する底層流となって南極海に達し、さらに太平洋を北上してきた約2000年前の北極海の海水であるという。　　　　　　　　　　　（北村晃寿）

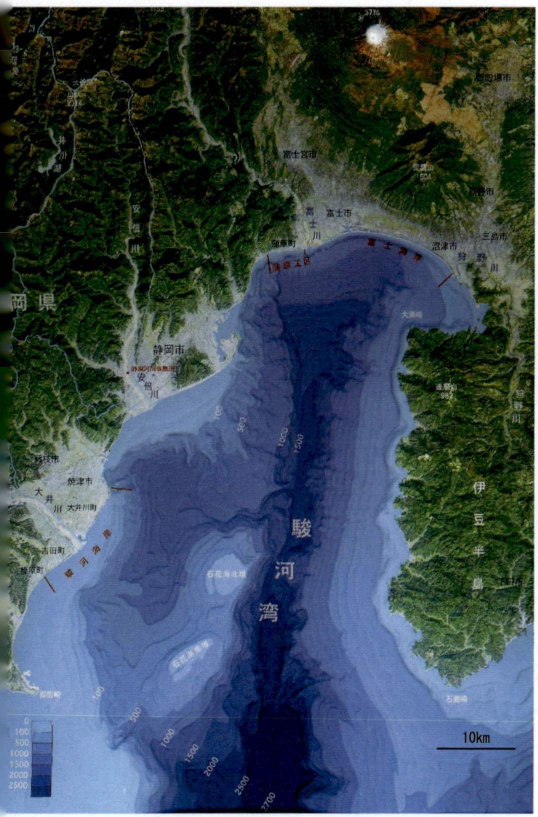

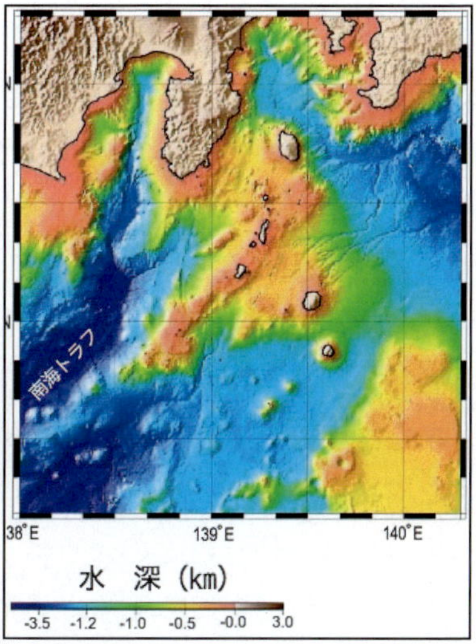

海底地形図
（㊧静岡河川事務所提供、㊨海上保安庁ホームページより）

伊豆半島

南の海からやってきた

「伊豆半島は、その昔、南の島であった」と「日本昔話」や「白浜神社」の伝承に残されているが、この昔話が本当の話であったことを最近の地質学が検証している。

伊豆半島の地層は浅海で堆積した火山噴出物を主体としており、その典型は堂ヶ島海岸に見ることができる。この火山噴出物以外の特異な地層として、狩野川支流の伊豆市梅木に「横山シルト岩」がある。

この地層は120万年前に本州から運ばれてきた深海の泥からなり、陸から運ばれた泥の地層としては伊豆半島で最も古い。このことは、120万年より前の伊豆半島が、現在の伊豆七島のように本州からの泥が届かないほど遠く離れたところにあったことを示唆している。

また、伊豆市下白岩の大型有孔虫の化石は、伊豆半島が現在よりも温暖な南の環境にあったことを示している。

それでは、伊豆はどのようにして本州に接近してきたのであろうか。伊豆半島の付け根にある本州が北方に屈曲していることは、伊豆が本州を屈曲させながら衝突したことを示唆している。

駿河トラフの石花海海底峡谷における有人潜水艇「しんかい2000」は、伊豆半島側の浅海成の火山噴出物が静岡側の深海成の泥の崖(がけ)に衝突して複雑に褶曲(しゅうきょく)させている現場をとらえ、衝突が現在も進行していることを明らかにした。

伊豆半島は駿河トラフ・南海トラフ・琉球海溝に沿って沈み込むフィリピン海プレートの上にあり、プレート運動と衝突の関係を考察できる。

伊豆半島と本州との境界を通過する東名高速道沿いの足柄地域（小山町）には、深海泥の上に関東山地と丹沢山地から運ばれてきた膨大な量の礫が覆っている。これは、プレート運動によって伊豆が本州に沈み込みかけて深海泥に覆われたが、沈み込めずに衝突して本州側が隆起し、膨大な量の礫をもたらした歴史を記録している。

また、関東山地と丹沢山地との間を通過する中央高速道沿いでも同様の現象が見られ、伊豆の前にも丹沢が関東山地に衝突した記録を残している。衝突した年代は、伊豆が100万年前、丹沢が500万年前であり、伊豆と丹沢が南東方からプレートに乗って移動してきたとするモデルとよく対応している。（新妻信明）

深海で堆積した泥層（伊豆市梅木の「横山シルト岩」）

有度丘陵

今なお続く隆起

静岡平野の東、清水平野の南に広がる有度丘陵（有度山、307m）は、背後の山地から切り離されて沖積平野の中に孤立し、駿河湾に接している。

山頂部が平らなことから「日本平」と呼ばれ、また海に面した切り立った峰は「久能山」と呼ばれる。北に富士山、西に南アルプス、海を挟んで東に伊豆半島、南に御前崎が遠望でき、眼下には安倍川の河口と三保半島の砂嘴（さし）に囲まれた静岡市街と清水港が眺望できる名勝地となっている。

この有度丘陵はどのようにしてできたのだろうか。地層を調べると、今から約30～10万年前に海や河口などで堆積した泥や礫からできている。

最下部の根古屋層は急崖の続く丘陵の南麓に分布し、かつての安倍川の三角州から海底斜面に堆積した泥層と礫層からなり、浅海から水深200mに生息する貝化石がたくさん発見される。

その上の久能山層は有度山の南側に広がる屛風岩（びょうぶ）などの急崖に見られ、河川扇状地から三角州に堆積した礫層である。ナウマンゾウの歯が清水区村松や北矢部から発見されているが、最近、単体サンゴの放射年代測定から約17万年前の地層であることが知られた。

有度丘陵は、久能山層が堆積した後、有度山を通る南北方向で北に傾く軸を中心にして隆起し始めた。その結果、北側の山地との間に盆地ができ、そこに海が進入して入江ができた。

その入江に堆積した泥層が草薙層で、カキなどの浅海性の貝化石が発見される。

その後、草薙層を堆積させた入江は、安倍川が運んできた大量の砂礫（小鹿層）によって埋積された。小鹿層からは約 10 万年前に降下したとされる御岳第一火山灰層が発見されている。

山頂部から北西に緩やかに傾いた平坦な地形は久能山層の傾斜した上面にあたるが、この上面はもともとは水平な堆積面であったはずである。この面が現在のように傾斜したとすると、その隆起量は年に約 1.7㎜となる。

草薙層も小鹿層も北に傾斜していることから、この隆起運動はその後も続いていることになる。このことは現在の測地データからも裏付けられている。（柴　正博）

安倍川河口（手前）と有度丘陵（中央）
（2002 年 1 月 28 日、佐藤 武撮影）

浜名湖

1万年前に誕生

湖北の東名高速道と湖南の新幹線で一瞬の間に横断できる浜名湖であるが、その昔は琵琶湖の「近つ淡海」に対して「遠淡海（とおつおうみ）」と呼ばれ、東西往来の難所の一つであった。風光明媚な情景は万葉の時代から詩歌に詠われ、多くの紀行文や日記に登場する名所であった。

湖岸線は複雑に入り組み、水深と底質は北半部で比較的深く（6～12m）細粒（泥）であるのに対して、南半部で浅く（4m以下）粗粒（砂）である。この特性は湖の形成過程に起因している。それは、いつごろ、どのようにしてできたのだろうか。

浜名湖の起源は最終氷期の海面最大降下時（約1万8000年前）に深く下刻（かこく）された谷地形に求められる。このころの海岸線は現在よりも数km沖合にあり、浜名湖付近は河川の上流域であった。

1万3000年前ころに最終氷期が終わり、温暖化が進行するとともに海面は徐々に上昇し、これらの河川に海が侵入してきた。谷筋には小さな入江が形成され始め、浜名湖の原型はこのときに誕生したと言える。

海面最大上昇期（6300年前）には現在の湖の2倍もの面積をもつ「古浜名湾」が太平洋に広い湾口を開いていたであろう。その後、海水準の小規模な低下と古天竜川が排出した多量の堆積物による砂堤の発達によって湾口部は次第に狭まり、海跡湖が形成された。湖南部は潮流が運んだ砂で埋め立てられ、現在見られるような湖の形状が完成された。

このような浜名湖の変遷史は、湖内4地点で行われた基盤に達する連続柱状堆積物（湖央の水深5m地点において最長50.45m）から、堆積年代や堆積環境が詳しく解析された（1985年、静岡大学による掘削調査）。「かつては淡水湖であったが、明応の地震津波（1498年）とその後の台風によって砂州が決壊し、『今切口』から海が侵入するようになった」という説に対して最近、地元の研究家・加茂豊策氏は古文書の解読や現地調査を通して異説を唱えている。浜名湖の変遷史一つを取ってみても、まだ解き明かされていない部分が多い。多方面からのさらなる探求が望まれる。（池谷仙之）

浜名湖と遠州灘の境「今切口」
（2007年9月、静岡新聞社ヘリ「ジェリコ1号」から）

県下の四大河川

急峻な山地を一気に流れ下る

静岡県の中西部は険しく急峻な山岳地帯であり、赤石山地または南アルプスには日本第2位の高さを誇る北岳（3192m）を筆頭に、間ノ岳、荒川岳、赤石岳など3000m級の山がそびえる。この山地は今から100万年前ごろに急激に隆起し始め、今でも年間3㎜という速度で隆起し続けている。

この赤石山地を削って流れる県下の四大河川（天竜川、大井川、安倍川、富士川）は源流部から河口までの高度差が大きい上に流路が短いため、日本有数の急流となっている。

しかも、流域部の大半が隆起速度の大きい山地であるために浸食や下刻（かこく）作用が激しく、上流から中流にかけては典型的なV字谷が形成され、河口付近まで多量の砂礫が堆積している。

一般的に、河川は山地から平野に出たところで扇状地をつくり、河口域に広大な三角州をつくるが、平野部が少なく山地が海に迫っている県内では扇状地と三角州とが一体化した地形が形成されている。

県内の河川は急深な外洋に直線的に流入するため、流出した砂礫は強い沿岸流に運ばれて大規模な砂洲（さす）や砂嘴を形成し、その砂洲や砂嘴の内側に内湾湿地を形成する。

静岡県の年間降水量は2000㎜を超え、全国的にみても多雨地帯にあたる。水量が多い上に急勾配で直線的な流路は過去、頻繁に氾濫（はんらん）や洪水を引き起こしてきた。

かつては、堤防を築けば砂礫の堆積が河床面をさらに高くして「天井

南アルプスの山並みと大井川の曲流・鵜山の七曲（高田晴男撮影）

川化する」という治水の歴史を繰り返してきた。この豊富な水量と急流は発電用の大型ダムに最適であり、また大量の砂礫は川砂利として採取されている。

しかし皮肉なことに、最近ではこのような河川の人為改変によって新たな問題が起こっている。海への土砂の排出と波浪による海岸浸食とが釣り合っていたこれまでの均衡が崩れてきたのである。

自然の営みとそれに向き合う私たちは「人間生活の快適さを求めながらも、自然とどのように付き合っていったらよいのか」もう一度考える必要がありそうだ。　　　　　　　　　　　　　　　　（柴　正博）

大谷崩

日本三大崩れの一つ

自然はときに想像を絶する凶暴さをむき出しにする。山容が全く変わってしまうような斜面崩壊（山崩れ）、崩れた土砂が土石流となって渓谷を十数kmにわたって埋め立てるような現象は静岡県にも起こっている。このような大規模な自然崩壊は主として地震によって引き起こされるが、その素因は地質構造に深く関係している。

静岡県の場合、３分の２が山地からなり、河川の標高差が大きく（急勾配）、しかも複雑な地質構造を反映した地層には大小多数の断層が発達し、著しく破砕された地層は地下深部まで風化が進んでいる。脆弱（ぜいじゃく）な地層からなる斜面は地震による揺れや雨水の浸透によって抵抗力を失い、地すべりや斜面崩壊を引き起こしやすい。

静岡市を貫流する安倍川の上流、大谷川の源流部にある「大谷崩」は瀬戸川層群の頁（けつ）岩や砂岩の岩肌を露（あらわ）にした幾筋もの崩壊斜面と崩れ落ちた岩石の堆積（たいせき）によって荒涼、殺伐（さつばつ）とした景観をなし、長野県の「稗田山（ひえだやま）崩れ」や富山県の「鳶（とんび）崩れ」とともに日本の三大崩れの一つに数えられている。

大谷崩の大崩壊は宝永地震（1707 年）が引き金となって生じたとされている。崩壊面積は 1.8km^{2}に及び、膨大な量（約 1.2 億m^3）の崩壊土砂は下流部５kmにわたって流出し、これらの堆積物からなる段丘地形が河岸に見られる。

流下した崩壊土砂は、大谷川と三河内川との合流部で河道を堰（せ）き止めて「大池」をつくり、さらに安倍川本流の「赤水の滝」付近まで埋積している。流路わずか51㎞の安倍川は標高2000mから一気に駿河湾に注ぎ、これまでに崩壊土砂の4000万m^3を流出したと推定される。

この崩壊地は、これまでの砂防ダムの建設によって渓床の固定化が図られ、岩盤斜面には植林が進んだ。このため、現在露出した岩盤斜面は緑に覆われ、全体的に安定化した様相を見せている。しかし、将来、これまでに崩壊しなかった近隣斜面が大規模に崩壊する可能性は高いと見なければならないが、その的確な判断は難しい。

川は恵みを運ぶだけでなく災害ももたらす。幸田文のエッセー「崩れ」から、山の偉大さと自然の厳しさについてもう一度考えてみよう。

（土屋　智）

大谷崩。左から右に本谷、三の沢（ピークは1999.7mの大谷嶺）、二の沢、一の沢（静岡河川事務所提供）

富士川断層帯

東海大地震の震源となるか

大地震のほとんどは既存の活断層により引き起こされることが知られている。静岡県とその周辺域には活断層が多く存在しており、1930 年の北伊豆をはじめ、1965 年の静岡清水や 1974 年の伊豆半島沖など多くの被害地震が起きている。

駿河湾周辺域を震源とするマグニチュード 8 級の「東海大地震」が 30 年前から予測され、静岡県とその周辺域が「地震防災対策強化地域」に指定されているが、この震源となりうる活断層として富士川断層帯が最近の調査研究で注目されるようになった。

富士川断層帯はフィリピン海プレートとユーラシアプレートとの境界である駿河トラフの陸上延長部にあたり、静岡県東部の富士川河口付近から富士山南西麓(ろく)にかけて、ほぼ南北に長さ 35㎞以上にわたって延びる活断層である。

この断層帯は西側の天守山地と芝川によって形成された段丘や、羽鮒丘陵と東側の低地との間に明瞭な地形境界として現れ、古富士火山起源の泥流堆積物を縦（垂直）方向に大きく変位させており、我が国では最大級の「縦ずれ活断層」として知られている。

最近の調査研究により、富士川断層帯は過去 1 万年の間に少なくとも 5 回の大地震を起こしたことが明らかにされた。旧芝川町福石神社の露頭には約 1000 年前の火山灰や土壌を含む地層が変位しており、高さ 1.5m 以上の断層崖(がい)ができている。

この断層運動による地層や地形面の変位から、この断層帯における最新の活動は約 1000 年前以降であるといえる。また 1854 年の安政地震で富士川河口域が活動したという口伝があるが、地質学的証拠はいまだない。

富士川周辺域は富士市や富士宮市のような人口密集地域であるため、富士川断層帯を震源とする都市直下型の大地震が起きると大震災になることが予想される。

地震の直前予知が難しい現状では、防災情報として活断層の詳細な分布位置と過去に起こった地震の規模や繰り返し周期などを詳しく調べることが必須である。（林　愛明）

富士川断層の露頭。中央部の赤褐色の部分が断層面で、黒色土壌や火山灰層の左側が奥に、右側が手前にずれ、比高 1.5m の断層崖が形成されている（旧芝川町福石神社）

Column　プレートテクトニクス（Plate tectonics）

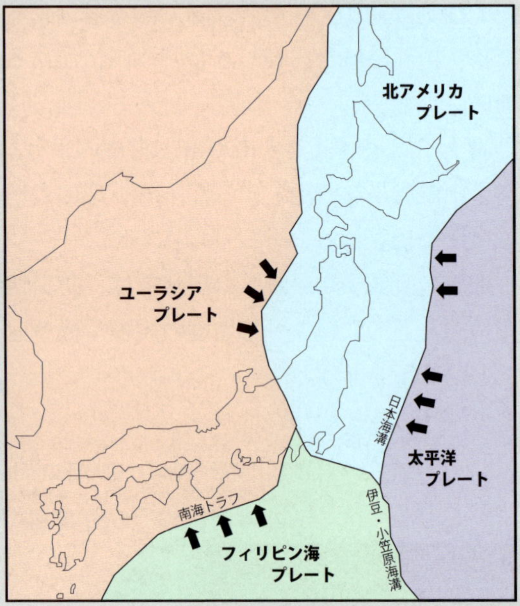

地球表面の30％が大陸、70％が海に覆われている。海洋底に比べて大陸の下では地球内部の熱が溜まりやすい。熱が溜まると熱対流が起こり、マントル物質は上昇して、地殻を突き上げ、熱が放出される。地表に噴出した玄武岩質マグマは冷えて固まり、新しい地殻を作る。

新しい地殻（プレート）が海底で誕生しているところを中央海嶺といい、生産された厚さ10㎞ほどの硬い板（プレート）は年間数㎝の速さで両側に移動していく。古い海洋地殻は海溝で大陸地殻の下に順次沈み込み、再びマントル内に取り込まれていく。

このように地球の表層部（地殻とマントルの最上部）はリソスフェアと呼ばれる十数枚のプレートで覆われ、その下の比較的柔らかいアセノスフェアの上を移動している。地震や火山活動，造山運動はこれらのプレートの境界付近で起こり、これらの研究をプレートテクトニクスという。プレート同士の相対運動によって、海洋底は拡大し、山脈が形成され、大陸は移動している。

日本列島付近は4つのプレートからなり、特に駿河湾はこれらが会合する世界で最も複雑な地質構造を示している。日本列島を構成するユーラシアプレートと北米プレートに太平洋プレートとフィリピン海プレートが衝突し、そこに海溝やトラフが形成され、地殻活動の活発な地域となっている。

（池谷仙之）

Chapter 02 地層(化石)が語る静岡県

さまざまな地質現象は地層の中に記録されている。
地層が形成された時の環境要因（古環境）を読み取ることができ、化石から過去の生物を復元することができる。
地層には地球上におこった一瞬のできごとから長大な時間経過が記録されている。

地震の痕跡

地層中に記された証拠

地震は、火山活動や断層運動など、地球内部に起こる急激な変動によって生じた弾性波動が地面を振動させる現象であり、それらの記録はさまざまな形で地層中に記録される。一般的によく知られているのは「断層」であるが、地層中にはこのほかにもいろいろな現象が残されている。

その一つが静岡市の日本平の北西麓(ろく)に分布する草薙層にも見られる。草薙層は泥や砂や礫(れき)が交互に積み重なっており、泥層からはハイガイなどの温暖気候を示す貝化石がしばしば見つかる。そして、この地層は、今から約12～13万年前に内湾に堆積(たいせき)したことがわかっている。

写真の露頭で、ハンマー（長さ40㎝）を置いた暗灰色の層は泥層で、その上には淡褐色の部分と暗褐色の部分が入り組んだ複雑な模様の層があり、さらにその上には層状構造の鮮明な暗褐色の砂層（白い筋は泥層、白い粒は泥層が削られてできた断片）が覆っている。

この間に挟まれた地層（写真中央部）の模様（堆積構造）が、実は過去に起こった地震の痕跡を示しているのである。

では、どうしてこのような模様ができたのであろうか。複雑な模様の層の中で、淡褐色の部分は泥質物からなり、暗褐色の部分は砂質物からなる。これらは、もともとは内湾の海底に水平にたまった泥層と砂層である。

堆積したばかりの地層は水を含んだままで固結していない。泥の堆積物は砂の堆積物より粒子が小さく、多くの水を含むので、泥層の方が砂層よりも密度が小さい。

そのため、泥層に砂層が重なると、重力的に不安定な状態になる。このときに地震の振動で堆積物が揺すられると、堆積物は液状化し、流動した砂は泥の中に沈み込み、泥は上方に押し上げられる。このような原理で地層中の複雑な模様が形成されたと考えられる。

地震の規模がどのくらいであったかは今後のさらなる研究が必要であるが、この地層の模様は、この付近にまだ人が住んでいなかったはるか昔の地震を記録した貴重な証拠なのである。　　　　（北村晃寿）

有度山総合公園の南に露出する草薙層中に見られる地震の痕跡

枕状溶岩

海水中に流れ出た溶岩流

東名高速道路「日本坂パーキングエリア」（上り線）の芝生の中に数十個の黒っぽい石が置かれている。もっときれいな石があるのに、何でこんな見栄えのしない石をわざわざ据えたのだろうか。専門家でもない限り説明を聞かなければ分からないこの石は、数年前、新日本坂トンネルの掘削時に出てきた枕状溶岩（ピローラバー）なのである。

枕状溶岩は海底火山から流れ出た玄武岩質の溶岩が海水などによって急冷され固まったもので、枕のような外形をしていることから名付けられた。ではどうして海でできた溶岩が山の中にあるのだろうか。

地球の表面は十数枚のプレートに覆われ、年間数㎝の速度で動いている。日本列島のような沈み込むプレート境界では、プレート上の物質は陸地の縁辺部に付け加わっていく。これが「付加体」であり、海底に堆積した地層とともに海山をつくっていた枕状溶岩も陸地につぎつぎと付け加えられ、山となったのである。

県内の有名な枕状溶岩は静岡市南西部の高草山（標高 501m）一帯に広く分布し、大崩海岸から浜当目にかけての海岸ではたくさんの枕状溶岩が火山灰層を挟みながら露出しているのが見られる。安倍川流域、矢沢の足久保川や横沢の西河内川沿いでは急冷されてできた放射状の割れ目のある枕状溶岩の内部構造を観察できる。また、島田市千葉山（496m）の西方では溶岩が流れた方向を示す表層部がよく残っている。

これらは第三紀中新世（1600 万年前）と漸新世（ぜんしんせい）（2400 ～ 3400 万年前）に噴出した溶岩である。これに対して中生代白亜紀（6500 ～

２億5000万年前）の溶岩もある。それらは大井川中流、大札山（1374m）の西斜面に露出し、溶岩の流れた様子がよく分かる。

県内の枕状溶岩の噴出年代は東中部から西北部に向かって古くなり、付加体が南東から北西方向に順次加わっていったことを示している。県内にはさらに浜名湖周辺や伊豆半島にも枕状溶岩が分布しており、これらの分布と噴出年代を詳しく調べることによって時代とともに静岡県の土台ができてきた様子を知ることができる。　（久保田実）

大札山の西斜面に露出する枕状溶岩（ハンマーの先の部分が一個の枕状溶岩で、つきたての餅のように軟らかい溶岩が右から左下に流れた様子が分かる）

枕状溶岩の分布（横山謙二作図）

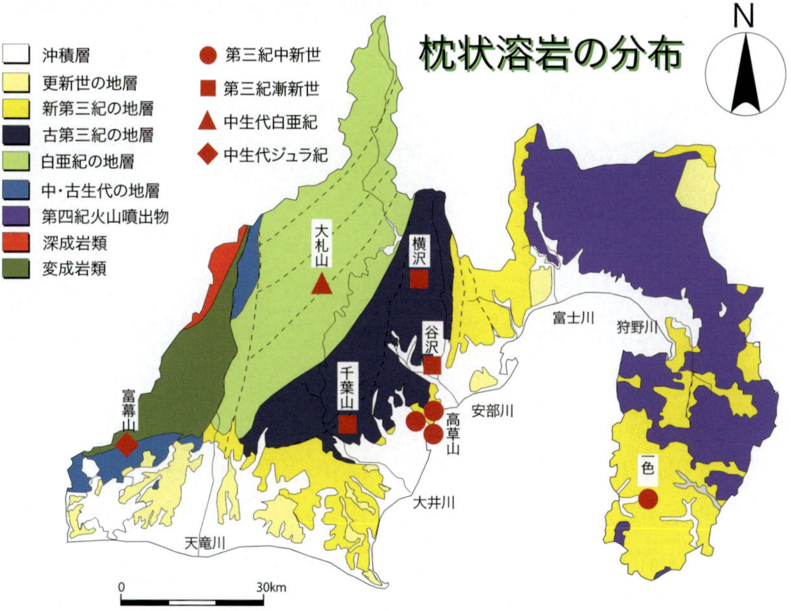

紅葉石

国会議事堂の御休所を飾る

ミロのビーナスやパルテノン神殿などの彫刻、石造建築に用いられている白色の大理石（マーブル）は高温で再結晶化した石灰岩である。セメントの原料でもある石灰岩の成分は炭酸カルシウム（$CaCO_3$）であり、塩酸をかけると発泡して炭酸ガスを放出する。その多くは海生生物によって、生物の硬組織、つまりサンゴの骨格や貝の殻などとしてつくられたものである。その証拠に石灰岩中には化石がたくさん含まれていることがある。

石灰岩は、普通、白色（不純物が少ない）か灰色（炭質物が含まれる）であるが、鉄の酸化物を含んで赤褐色になることがある。島田市の千葉山（標高 496m）の裏山で採れる古第三紀瀬戸川層群（約 3000 万年前）中の石灰岩は鮮やかなベンガラ色をしているので「紅葉石（もみじいし）」と呼ばれ、国会議事堂御休所（ごきゅうしょ）の暖炉の装飾に使われている。

昭和 11 年に完成した議事堂はすべて国産品を使用する方針の下、全国から内装用の石材として 33 種の大理石が集められた。その中の一つに選ばれたのが静岡県産の紅葉石であった。この紅葉石を顕微鏡で見ると、100μm（100 万分の 1 m）以下の細かな方解石粒子からなり、浮遊性有孔虫の化石などが入っていて、まだ再結晶化していない。

紅葉石を採掘した石切り場の跡は大井川の支流、相賀谷川（おおかやがわ）の上流 5 キロ地点に西流する沢の急斜面（標高約 350m）にあり、今では杉林の中にわずかな露頭が見られるにすぎない。このような険しい山腹では手作業で石材を切り出し、急な斜面をころを使って運び出したに違いない。

しかし、露頭を見る限り、石灰岩は玄武岩質の角礫岩の中に小規模な岩塊として取り込まれ、多くの割れ目が発達し、石材として使えるような大きなブロックをいくつも採取することは至難の業であったと想像される。残念ながら、誰がどのような経緯でこの事業を遂行したのかその記録は定かではない。

この石が議事堂以外に使われているのは地元の旧千葉小学校の門柱に積まれた原石が残るだけで、幻の石材である。　　　　（池谷仙之）

石切り場跡にわずかに残された露頭
（千葉山北側の山腹）

紅葉石の研磨断面
（静岡県自然学習資料保存室標本）

変マンガンノジュール

深海底からの“宝物”

マンガンノジュールは深海底で形成されるマンガンと鉄酸化物・水酸化物からなる黒色の団塊（ノジュール）である。現代のハイテク技術を支える重金属元素のマンガン、ニッケル、コバルトなどを豊富に含んでいるため、深海起源の有用金属資源として注目されている。

この深海産の団塊が静岡県の山中から化石として見つかる。ここで、マンガンノジュールの頭に“変”と付けたのは、ノジュールの元の組織は残っているものの、マンガンなどの重金属は石英などに置換されているためである。

変マンガンノジュールは島田市北方の千葉山、智満寺に至る県道沿いの崖から産出する。この崖はおよそ2000万年前に堆積した瀬戸川層群の凝灰質泥岩からなり、地下深部のマントルに由来した超塩基性岩を原岩とするハンレイ岩や玄武岩の角礫とともに、石灰質ノジュールや変マンガンノジュールが含まれる。

暗緑色をした球状の変マンガンノジュールは直径4～12㎝で、表面は平滑である。その断面は、中心部に緑色凝灰岩の小片があり、それを核として同心円状に赤褐色と暗緑色のラミナ（薄層）が互層をなして取り巻いている。

このラミナを顕微鏡で見ると、緑色の部分にはマンガンノジュールの表面に付着して生活する管状の砂質有孔虫（原生動物）の化石が多数見られる。有孔虫の殻がノジュールに占める体積は60％を超えており、さながら有孔虫の塊と言ってもよいくらいである。深海底におけるマンガンノジュールの成因については鉄やマンガンを濃集する微生物の働きが知られているが、有孔虫もその一端を担っていた可能性がある。

この泥岩中には4000m以深に生息する底生有孔虫の化石が豊富に産出するほか、大洋プレート上の海山に起源を求めることができる石灰岩や火山性の角礫を含むことなどから、海溝のような所に寄せ集められて堆積したと推定される。

千葉山の周辺には遠洋性赤色粘土や堆積性の蛇紋岩、ハンレイ岩、枕状溶岩などが大小のブロックとなって露出しており、まさに深海地質の博物館といえる。　　　　　　　　　　　　　　　　（北里　洋）

㊤変マンガンノジュール（球状の団塊）が産出する露頭
㊦同心円状の成長を示す変マンガンノジュールの断面（静岡大学キャンパスミュージアム標本）

鉄丸石（へそ石）

深海でつくられた生跡化石

安倍川の支流、足久保川の川床に鉄丸石と呼ばれる珍石がある。雨後の河原には、この石を求めるハンターが集まるそうだ。鉄丸石はその名の通り、ずっしりと重い（比重 3.0 ～ 3.1）濃褐色の鉄塊状で、多くは手のひらにのるくらい（約 10㎝）の丸い石である。

石の表面には「へそ」のような小さな窪みや膨らみがあり、その「へそ」は反対側にもある。この「へそ」に沿って石を切断すると、「へそ」はチューブ状につながっていることが多く、チューブ内は明らかに周囲とは異なる物質で充填されていることがわかる。この石は約 2000 万年前の深海で堆積した瀬戸川層群の泥岩層からもたらされた転石で、炭酸鉄の菱鉄鉱からなる。

同じような石は三浦半島、房総半島、室戸半島など、日本各地から見つかっており、いずれも深海底で形成された 1500 ～ 3000 万年前の泥岩中にノジュール（団塊）として産出する。石の成分は炭酸カルシウムのものもあるが、炭酸鉄のものが多い。この奇妙な石は江戸時代から知られており、木内石亭の「雲根誌」に「瓜石」の名前で記述されている。

では、このような石はどのようにしてできたのだろうか。石の断面を観察すると、薄い壁をもったチューブ状の構造が見られ、それを取り巻く周囲の泥岩の葉理（薄い堆積層）はチューブのところで収斂するかのように消えている。これは泥岩が固結する前に、チューブが形成されたことを示している。

チューブをつくった生物は特定できないが、生管をつくる多毛類やチューブワームの巣穴も考えられる。深海底の冷湧水の湧き出し口などに生息する生物の巣穴に沿って、地下深くからメタンに富んだガスが湧き出し、巣穴の周りの間隙水との化学作用によって泥の中に菱鉄鉱、後に再結晶して黄鉄鉱の団塊が形成されたと考えられる。

ベルギーでも同じような構造をもつ石が見つかり、海底生物（タッセリア）の棲み跡の化石として報告されている。いずれの石も数千万年前の海底生物の生活跡らしい。いったいどのような生き物なのか、その正体は不明のままである。　（蟹江康光）

足久保産「鉄丸石」の断面と外形（1a＝中軸部の生管は黄鉄鉱、2a＝生管は黄鉄鉱で置き換えられている。1b・2b＝その外形、3＝さまざまな形態と色彩の鉄丸石）

金とダイヤモンド

静岡県の特産となるか?

金（Au）とダイヤモンド（元素はC）は元素鉱物と呼ばれ、いずれも美しく高価なものである。ほとんどの自然金は銀（Ag）とともに熱水鉱床の中の石英脈に含まれている。

マルコポーロが「黄金の国ジパング」と呼んだように、火山国日本は温泉に恵まれ、金にも恵まれていた。江戸時代、幕府の直轄地であった伊豆半島の金山は1980年代まで採掘されていたが、今はすべて閉山されている。

伊豆市土肥の清越（せいごし）鉱山の石英脈に含まれる山吹色の自然金と黒色の輝銀鉱（きぎんこう）は、静岡県最後の金山から採集されたものである。金山として戦国時代から知られている安倍川上流の梅ケ島一帯では、今でも、金や銀を含む鉱石を採取できる。また、川砂から砂金も見つけられる。

2007年9月、四国で1μ（1000分の1㎜）の天然ダイヤモンドが日本で初めて発見された。その結晶がどんなに小さくてもこれは大発見なのである。

ダイヤモンドは地下150㎞以上、温度1000℃という条件下で、超音速で吹き出すキンバーライトと呼ばれるマグマの中でできると推測されている。プレートの沈み込み帯である日本列島ではたとえダイヤモンドがあったとしても、マグマが地表に運ばれてくる間に同質異像の真っ黒なグラファイト（石墨）に変わってしまうと信じられていた。

今回発見されたダイヤモンドは、火山岩中の輝石（きせき）に取り込まれた包含物の縁辺部から見つけられた。石墨に変化しなかったのは、輝石という

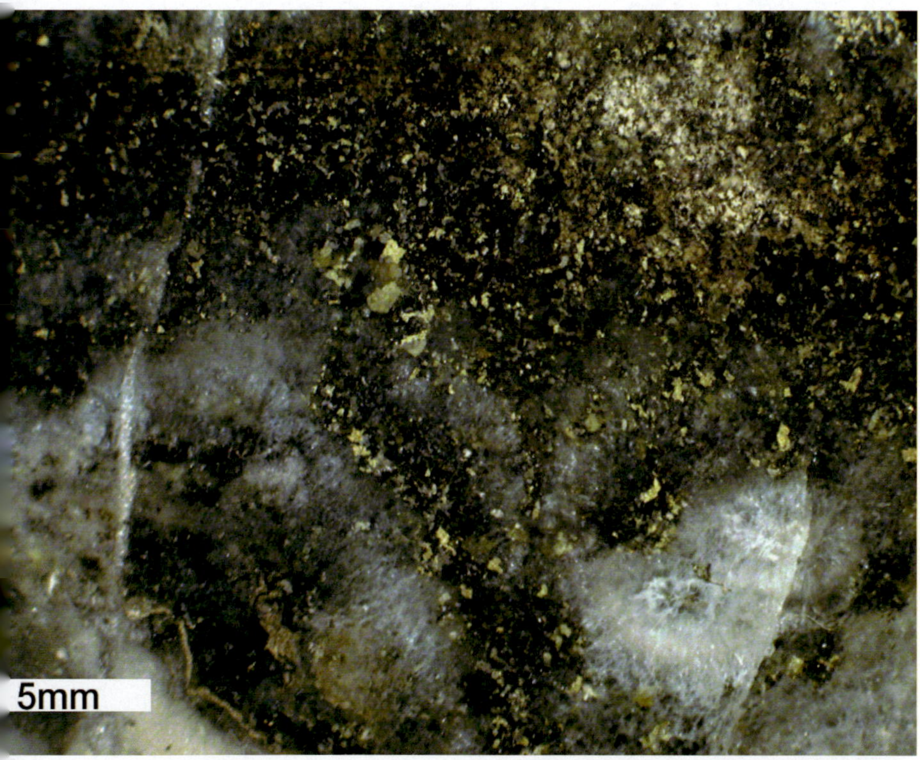

土肥・清越鉱山産の自然金と輝銀鉱（顕微鏡写真）
（静岡大キャンパスミュージアム標本）

カプセルの中にあったために圧力が低下しなかったからであると考えられる。

最初の発見を逃してしまったが、実は、日本でダイヤモンドが出る可能性の最も高いのは静岡県なのである。1960年代、故鮫島輝彦教授（静岡大）は瀬戸川層群中にキンバーライトに似た性質の火山岩の存在を指摘していた。残念ながら当時はあり得ない話として耳を貸す者もなく、本気で確かめようとする者もいなかった。静岡産ダイヤモンドが現実のものとなるときがやってきた。（和田秀樹）

河津鉱と欽一石

静岡県産2種の新鉱物

鉱物とは、地質現象で生成した一定の化学組成と結晶構造をもつ均質な物質で、これらの鉱物が集合すると岩石となる。現在、世界で約4200種類の鉱物が知られており、そのうちの105種が日本で発見された新鉱物（世界で最初に見つけられた新種の鉱物）である。

静岡県産の新鉱物として、「河津鉱（かわづこう）」と「欽一石（きんいちせき）」の２種が知られている。日本名を付ける際、「鉱」は金属光沢をもつ鉱物に、また「石」は非金属光沢をもつ鉱物に用いられる。

河津鉱と欽一石はともに下田市蓮台寺の河津鉱山で発見された。河津鉱山では金、銀、銅、マンガンなどが採掘されていたが、1959年に閉山となり、現在は立ち入り禁止となっている。

1970年に国立科学博物館の加藤昭氏によって発見された河津鉱はビスマス（Bi）とセレン（Se）とテルル（Te）の化合物からなり、乳白色の石英の中に金属光沢をした薄い平板状の結晶として産出する（写真Aの矢印）。

1981年に新鉱物として認定された欽一石はマグネシウム（Mg）、亜鉛（Zn）、マンガン（Mn）、鉄（Fe）を含むテルルの酸化物で水を含み、ダイヤモンドのような美しい光沢をもつ黒褐色の鉱物である（写真B）。鉱物科学研究所の堀 秀道氏と筑波大学の小山栄二・長島弘三氏により鉱物研究家として名高い櫻井欽一氏に因んで命名された。

欽一石の発見には、貴重な標本が人から人へと大切に受け継がれた物語がある。発見に繋がった標本は大阪大学の清水要蔵氏が趣味で集めていた標本の中の一つで、このコレクションは氏の没後にアグネ出版の戸波春雄氏に引き取られ、その後、奇石博物館（富士宮市）の植木十一氏の仲介で堀氏の元へ移った。コレクションを整理していた堀氏は、テルル鉱物の中に見慣れない黒い鉱物が含まれていることに気付いた。この黒い鉱物が実は欽一石であった。

このエピソードは、コレクションの適切な保存と管理がなければ新鉱物の発見に結びつかなかったことを物語っており、マニアが収集した標本から新種が発見される可能性を示した好例と言える。収集された標本には厳格な管理が必要である。　　　　　　　　　　（佐々田俊夫）

A：河津鉱（白く光って見える結晶）（静岡県自然学習資料保存室標本・大橋昭彦コレクション）
B：欽一石（背後の黄色い石英中に埋まった黒い結晶）（国立科学博物館・櫻井コレクション）

伊豆石

伊豆半島特産の石材

伊豆石は名前の通り伊豆半島特産の石材で、古くから各種の石造建築に使われてきた。硬質で重く耐久性に優れた安山岩質の「伊豆堅石」は江戸城（皇居）や駿府城を巡る堀の石垣に、また軟質で軽く加工しやすい凝灰岩質の「伊豆若草石」と呼ばれる石は同じような性質をもつ栃木県の大谷石とともに、塀や壁、屋内の装飾建材として知られている。

伊豆堅石は、徳川家康が城の修復に際して石垣の工事と石材の調達を西国の大名に命じ、このときに選ばれたのが伊豆半島東岸の第四紀後期（100 万年前以降）に噴出した宇佐美火山や多賀火山などの安山岩質の溶岩であった。調達された石の数は 100 万個を超え、石船で江戸に運ばれたという。

その採石場（石丁場）の跡は稲取、熱川、北川、大川、城ケ崎などに残されている。伊東市宇佐美の海岸には、石を切り出すために溶岩の流れた面とそれに垂直な方向に楔を打ち込んだいくつもの穴（矢穴）を開けたまま、運ばれずに放置された石が今も残されている。江戸開幕から半世紀にわたって伊豆から運ばれた世紀の大事業を後世に残す調査が今、文化庁によって行われている。

もう一つの伊豆若草石は白と緑と黒の斑模様がきれいで、水に濡れると若草色が浮き出てくる。この石の磨かれた表面は独特の肌触りで滑りにくく色鮮やかなため、温泉や一般家屋の浴室の床材として好んで用いられている。

斑模様は数㎜から数㎝大のパミス（軽石）やスコリア（玄武岩質溶岩

が噴出時に発泡したもの）、火山灰、火山角礫、溶岩の破片などが熱水作用（地下の温泉水）により沸石（ゼオライト）や緑泥石（クロライト）などの鉱物に変質したもので、通常、グリーンタフ（緑色凝灰岩）と呼ばれる第三紀（約 2000 万年前）海底火山活動の産物である。ときにサメの歯の化石が入っていることがある。以前は伊豆各地で採石され、下田市に石丁場の大きな採掘跡が残されているが、今では旧韮山町中皆沢日向の露天掘石丁場だけになってしまった。　（和田秀樹）

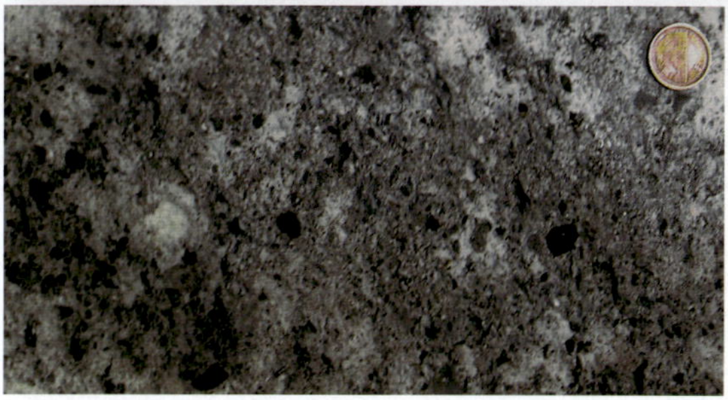

伊東市宇佐美の海岸に残された矢穴のある伊豆堅石㊤と板状に整形された伊豆若草石

相良油田

ガソリン分に富む原油

エネルギー資源として原油の枯渇が心配され、最近では原油価格の高騰が話題に上っている。生産量はわずかであるが、日本でも秋田県や新潟県、北海道で採掘されている（国内消費量の0.3％程度）。牧之原市相良でも太平洋岸唯一の油田としてかつては採取されていた。

石油（原油）は、地質時代の有機物（主として生物の遺骸）が堆積物とともに地下深部に埋没し、数百万年以上の長期間、じっくりと加熱されることによって生成される。

できた石油は移動するために生成される場所と集積される場所が異なる。すなわち、根源岩で生成された石油は背斜構造をつくる地層中の砂岩のような隙間の多い貯留岩に移動・集積して油田を形成する。

世界の原油の大部分はおよそ1億年前の白亜紀の地層に含まれるが、日本の原油は5000～1000万年前の第三紀の地層中で生成された。原油といえば、一般に黒色のドロドロした液体を想像するが、相良の原油は茶色～橙色で、透明度が高くサラサラしている。

相良油田は、女神背斜北西部の断層に沿って古第三紀層からガスとともに鉛直方向に長距離移動し、新第三紀の相良層群（砂泥互層）上部の砂岩層に集積したと考えられる。この移動の過程で低硫黄の軽質分が分別され、そのままガソリン代わりに使用できるほどガソリン分に富むようになった。

相良の原油は明治の始めころから手掘りされ、昭和初期まで採油されていた（累計生産量約4600kℓ）が、ほぼ取り尽くしてしまった。御前崎沖の海域にはまだ採掘できる可能性もあり、最近では水深 500m 以深にメタンハイドレート（メタンと水が結合した固体）が大量に眠っているという調査結果が出ている。

相良周辺のほか、島田や榛原地域にはあちこちでガスが噴出しており、比較的最近まで家庭用に利用されていた。また相良油田からは石油を分解するだけでなく合成する能力をもつ微生物（HDI）も見つかっている。（加藤　進）

原油の外観㊧と
富田松夫氏所有の坑井
（牧之原市菅ケ谷新田）

女神石灰岩

なぜ相良にあるのか？

セメントや石材として使われている石灰岩の多くは古生代や中生代に形成されたものであるが、牧之原市相良の萩間川を隔てて対座する男神山（天神山）と女神山（帝釈山）を造っている石灰岩は新生代にできたものである。相良油田を形成する第三紀の砂岩や泥岩の地層から突き出たこの二つの山は、どうしてできたのだろうか。

女神・男神の石灰岩は保存のよいサンゴ藻、大型有孔虫、造礁性サンゴ、貝、カニなどの化石を豊富に産することで有名である。サンゴ礁といえば、熱帯の浅い海で形成されることは誰もが知っている。しかし、一方で、石油を含む相良層群は深海で堆積した地層であることが分かっている。

この相反する堆積環境の両層が共存していることと、日本ではほかに例を見ない中新世の礁石灰岩がなぜ遠州灘に面した相良地域にあるのか。これまで明確な説明がなされていなかった。

詳細な地質調査と化石の研究から、この礁性の石灰岩は中新世前期末（約1700万年前）の堆積物であり、転倒した状態（さまざまなサイズのブロックがさまざまな方向を向いて混在している）のまま水深3000mを超す深海で堆積した泥岩中に埋め込まれていることや、泥岩中には海洋底に噴出した玄武岩や始新世中期（約4500～4000万年前）の放散虫チャートの岩体も含まれていることが明らかになってきた。

これらの知見から、これまで女神層と呼ばれてきた浅海性の礁石灰岩は熱帯の海洋プレート上で形成され、プレートの北方への移動によって海溝に運ばれ、海溝を埋める泥質堆積物に取り込まれた付加複合体であると結論づけられる。環太平洋地域には西南日本の四万十帯のように白亜紀から古第三紀の付加体はあっても、このような新第三紀中新世の付加体が陸上に露出する例は知られていなかった。この付加体の存在は駿河トラフの地殻が著しく上昇していることを物語っている。

女神石灰岩は上質の消石灰（漆喰の材料となる）や建材用に江戸時代から採掘され、現在では山の３分の２ほどが掘り尽くされてしまった。

（小沢智生）

写真㊤＝女神山の遠望（２００８年３月２日撮影）
写真㊦＝女神石灰岩から産出するサンゴ藻㊧（１８９４年、西和田久学による最初の化石報告より）とサザエ類の化石（萩間小学校収蔵標本）

溶岩樹型

溶岩の中に眠る2000年前の森林

富士山のまわりには、マグマが地表に溢れ出た溶岩流がつくるさまざまな地形が見られる。その代表的なものに溶岩トンネルと溶岩樹型がある。

富士山のような玄武岩質の溶岩は流動性が高いので、厚い（2～3m以上）溶岩流が緩やかな斜面を流れ下るとき、大気と地面に接した外表部は冷やされてすぐに固まるが、内部の溶岩はなかなか固まらずに流体のまま流れて行く。

この内部の溶岩が流れ去った後にできる空洞が溶岩トンネルである。大規模なものは直径数m、長さ数百mに達するものもある。地下で冷やされた空気が冷風を吹き出したり、氷結したままなので「風穴（ふうけつ）」とか「氷穴（ひょうけつ）」とも呼ばれ、富士山麓（ろく）全体では120以上もの溶岩トンネルが知られている。

県内では富士宮市の万野風穴（最大幅6.4m、総延長908m）、御殿場市の駒門（こまかど）風穴や印野御胎内（おたいない）溶岩隧道などが有名であり、いずれも天然記念物に指定されている。

一方、溶岩流が森林に流れ込むと、立ち木や倒木を取り囲み、木は焼けて鋳型として残される。これが溶岩樹型である。静岡県側では御殿場市の印野丸尾溶岩流、富士市の大淵丸尾溶岩流や東臼塚南溶岩流などにたくさん見られる。特に東臼塚の溶岩樹型群は最近になって発見されたものであり、この一帯だけで500以上もある見事な樹型群は日本、いや世界でも最大級のものかもしれない。

この樹型群をつくった溶岩流は、今から2000年ほど前に、厚さ数m、幅300m、長さ4㎞にわたって流れたことが明らかにされているが、樹型とその分布などの詳細な研究調査はまだ終わっていない。近い将来、樹型に残る樹皮の模様などから当時の富士山麓の植生を復元できるかもしれない。

これらの溶岩トンネルや溶岩樹型は土地開発に伴って発見されることが多いが、車の振動で壊されたり、ゴミ入れ代わりにされているのを見るにつけ、この素晴らしい天然の造形物に何らかの保護対策を早急に講じなければならない。（篠ヶ瀬卓二）

東臼塚の林の中に残された溶岩樹型。約2000年前に生えていた立ち木は熱い溶岩に取り巻かれて焼けてしまった（空洞部分）

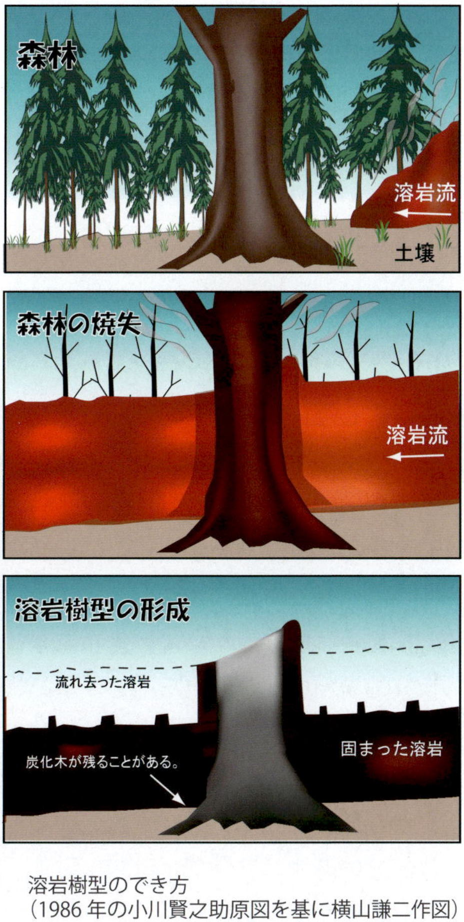

溶岩樹型のでき方
（1986年の小川賢之助原図を基に横山謙二作図）

化石オニフジツボ

鯨に付着して掛川の海に

フジツボは甲殻類のカニやエビの仲間で、幼生時には海中を浮遊するが、やがて一生を海岸の岩礁やコンクリートの岸壁、杭やブイなどの硬いものに付着して過ごす。自ら動き回ることはできないが、船や大型の海生動物に付着してはるか遠方まで旅することができる。

オニフジツボ（*Coronula diadema*）は地球上で最大の動物である鯨に付着して、世界中の海を旅する海のヒッチハイカーと呼ばれている。付着する場所は鯨の体表で、頭部、鰭（ひれ）、目と鰭の間、尾などの特定の部位に限定される。そこは、フジツボにとって蔓脚（まんきゃく）（カニの脚に相当し、摂餌の機能をもつ）を広げて餌を摂取しやすいところであり、また鯨の行動を阻害しない場所でもある。

フジツボの化石は日本各地の中新世から更新世の地層によく含まれるが、殻が破片で発見されることが多い。関節で接合された６枚の殻板は外れやすく、バラバラになった殻板が複数種混在すると、種の同定は難しくなる。ところが、オニフジツボはほかのフジツボと異なり、関節が強固に接合しているために、化石になっても殻板は分離せずに完全個体のまま地層中に保存されることが多い。

オニフジツボの化石についてはこれまでに多数の報告があり、また生きたものについても、すでに江戸時代（武蔵石寿の「目八譜全」、1843年）から鯨蠣（かき）と呼んで記録されている。

生きているオニフジツボは鯨に付着した後、体の一部を鯨の皮膚に埋没させ、やがて一生を終え、外れ落ちた殻は海底に落下するので、両者が一緒に産出するとは限らない。

写真のオニフジツボは掛川市長谷の掛川層群土方層（約150～200万年前）の泥岩層から産出したもので、表面に付いている小型のフジツボはその子どもではなく、鯨には直接付着しないアカフジツボ類の仲間（種不明）である。

オニフジツボはどこで鯨に付着し、どのような旅をして掛川の海にたどり着いたのだろうか。そして、このオニフジツボに付いているアカフジツボはいったいどこでどのようにして付着したのだろうか。それぞれの生活史を考えると複雑であるが、古生物の復元は興味が尽きない課題である。（山口寿之）

オニフジツボの化石（成体殻）

オニフジツボに付着したアカフジツボ類の化石（掛川層群土方層産）
（静岡県自然学習資料保存室標本、田辺　積・化石コレクション）

ダンベイキサゴ

進化の履歴は500万年

「ながらみ」として食卓に登場することもあって、ダンベイキサゴは静岡県人には身近な巻貝である。

遠州灘のような外洋の浅い砂底に生息し、貝の殻はそろばん玉のような流線形をしていて、表面はさまざまな色模様で彩られている。普段は砂の中に浅く潜り、海底面上に煙突のような入水管と出水管を出して、水中に漂う有機物を摂食している。

ところが、外洋は波浪や潮流の影響が強く、海底の砂地は浸食や埋めもどしが頻繁に繰り返されるので、生息環境が変化したときには砂から這(は)い出して、海底を移動することができる。

日本には6種類のキサゴ類がいて内湾干潟から外洋までさまざまな環境に繁栄しているが、ダンベイキサゴはほかのキサゴ類に比べて大きく扁平な殻をもち、不安定な環境で移動能力を発揮するのに適している。

このような殻の形や模様はいつ、どのように進化してきたのだろうか。キサゴ類は約1500万年前の温暖な時期に南方から移住してきて、日本列島の周辺で種分化を繰り返してきたことがわかっている。

ダンベイキサゴに至る系統は化石記録や現生種の遺伝情報（DNAの塩基配列）などに基づき、約500万年前にほかの系統から分岐したと考えられている。

これらの系統や殻形態の進化は、掛川地域の地層（掛川層群）から産出する化石に見ることができる。

掛川層群の約300～200万年前の砂層からは、外洋浅海域に生息する現生種の貝化石に伴って、大型で、螺状彫刻や疣状突起列をもつスウチキサゴと呼ばれている祖先種が産出する。このことから、約300万年前には、既に波浪の影響の強い外洋浅海域に進出していたことがわかる。

一方、約180～100万年前の砂層からは、突起列が弱くなったサブスウチキサゴが産出し、稀ではあるが、螺状線さえ弱くなったダンベイキサゴの化石も発見される。

このようにダンベイキサゴの美しい殻には、500万年にわたる適応と進化の履歴が秘められている。　（延原尊美）

左2列は現生種のダンベイキサゴ（遠州灘産）。右1列は上段が化石種のスウチキサゴ（袋井市大日産）、下段がサブスウチキサゴ（磐田市合代島産）

サメの歯化石

掛川の「暖海」に群れる

200万年前に堆積した掛川層群大日層は化石の宝庫である。貝化石ばかりでなく、鯨や海牛とともにエイやサメの仲間（板鰓類（ばんさい））の歯が20種以上も産出している。板鰓類の歯は一生の間に何度でも生え変わるので、特に産出数が多い。

掛川市上西郷で多く発見されるのは人食いザメで知られるホホジロザメである。

現世のホホジロザメは体長5～8mで、長さ5㎝もある歯は上下合わせて50本、生え替わる予備の歯を含めると1個体で200本以上もの歯が口の中にある。歯冠は鏃（やじり）の先端のように尖った三角形をしていて、縁はステーキナイフのような鋭いギザギザ（鋸歯）を備えている。鯨や海牛もこのサメに捕まったら、たちまちのうちに切り裂かれてしまうだろう。

ホホジロザメよりもさらに大きな歯をもつパラトーダス属のサメも見つかっている。このサメはこれまで鮮新世前期に絶滅したと考えられていたが、掛川地域では鮮新世後期（約200万年前）まで生息していたことが確認された。

これらの大型の歯のほかに、大日層の砂を篩（ふるい）にかけると、ツノザメやネコザメ、カスザメのような小型の歯（2㎜～1㎝）も見つけることができる。これらの小型のサメは、その食性によって異なった歯をもっている。中でもネコザメの歯は尖った前歯とカマボコ状の奥歯（側歯）をもち、貝類を噛み砕き、すりつぶすのに適した形態をしている。

大日層から発見される魚のほとんどは沿岸種であるが、ツノザメのように半深海種やバケアオザメなどの外洋種も産出している。現在、これらのサメが温帯〜亜熱帯域に生息していることから、当時の掛川は外洋に面した暖かい海域であったと推定される。

最近では、開発に伴い、化石を採集できる露頭が年々少なくなってしまった。このように過去の記録を保存するとともに自由に化石採集のできる露頭も残しておきたいものである。

（横山謙二）

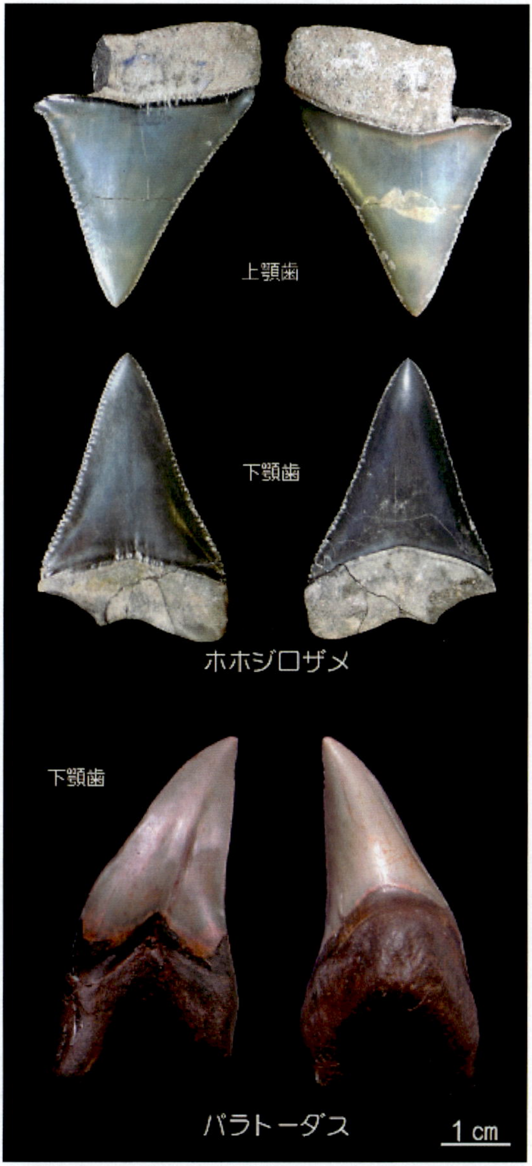

掛川、大日層産パラトーダスとホホジロザメの歯の化石。左側は唇側面、右側は舌側面（静岡県自然学習資料保存室標本）

掛川の貝化石

温暖化を語る「手紙」

掛川市から袋井市にかけては、今から約 300 ～ 200 万年前に浅海で堆積した砂層（大日層）が広く分布し、豊富な貝化石が産出する。この化石群の中にはモミジツキヒガイ（学名 *Amussiopecten praesignis*）をはじめとする絶滅種が多く含まれている。

モミジツキヒガイは掛川だけでなく、高知県や宮崎県、沖縄本島の同時代の地層からも多数産出することから、当時は古黒潮の洗う太平洋沿岸に繁栄していたと推定される。

その記録を過去にさかのぼって追跡すると、モミジツキヒガイは約 300 万年前に古黒潮流域に出現し、200 万年前には北上して関東地方にまで分布を拡げるが、約 160 万年前を境にその姿はぷっつりと消えてしまう。

この貝の生息分布が最も北上した 200 万年前は、地球全体が温暖化した時代であり、北米西岸やアイルランド南方、地中海などでも、低緯度海域に生息する浮遊性有孔虫や石灰質ナノプランクトンが高緯度にまで分布を拡大した記録が残されている。

大日層の 200 万年前に相当する層準からは、現在では南方海域にしか生息していない種類もたくさん見られる。例えば、台湾以南にしかいないヤグラモシオガイ、屋久島以南のヤコウガイ、奄美諸島以南のトガリアラレボラ、四国以南のダイミョウイモガイなどである。

これらの種類は、地球規模の温暖化の時代（200 万年前）に北上して掛川地域にまで分布域を拡げたが、その後の寒冷化で再び南方に戻っ

掛川層群大日層の貝化石密集層。右下の大きなホタテガイに似た二枚貝がモミジツキヒガイ（静岡県自然学習資料保存室標本）

たと考えられる。このようなことから、200 万年前の掛川地域の浅海域の水温は現在の台湾周辺海域の水温（真冬の２月でも約 20℃）に近かったと推定される。

過去に起きた地球温暖化の様子はこのような化石層に封印され、「過去からの手紙」として私達に伝えている。現在の地球温暖化現象を考える上で、生物がどのような影響を受け、生態系がどのように変化していくのか。自然が残した遺産がこれらの問題を如実に語っている。改めて自然に問いかけてみよう。（延原尊美）

クモヒトデ

群れのまま生き埋めとなった

掛川市の家代地域に分布する約200万年前の掛川層群大日層の沖合相（砂岩・シルト岩互層）から500個体を超すクモヒトデの化石が発見されている。これほど大量に1カ所に密集して産出する例は世界的にも珍しい。

棘皮（きょくひ）動物のクモヒトデ（蛇尾類）はヒトデという名がついているが、分類学的にはヒトデ（海星類）ではない。体の中央にある扁平な盤と放射状に出た腕はヒトデと同じであるが、関節のある自由に動く5ないし6本の長い腕がある。

この地層には7種類のクモヒトデが1㎡あたり数百個体も密集して産出し、中で最も多いのがキタクシノハクモヒトデである。この種類は現在、北極海から日本列島の寒流域を南限とする水深200～600mの海底に密集して生息している。

日本での化石記録は北海道の稚内層が最も古く（約1000万年前）、掛川地域を南限として14カ所から発見されている。掛川ではキタクシノハクモヒトデとともに、オオシラスナガイなどの貝化石や有孔虫などの微化石も産出する。これらの貝類は現在、遠州灘の水深150m付近に生息している。また底生有孔虫の酸素同位体比の測定から、この地層の堆積時の水温は10℃程度であったと推定されている。

クモヒトデは死後、長い腕などはバラバラに分離してしまうのが普通であるが、掛川層群のキタクシノハクモヒトデの多くは長い腕が付いたまま保存されていて、生きたまま砂やシルトに埋まったと推定される。

掛川層群大日層の層理面に密集するキタクシノハクモヒトデの化石
（静岡県自然学習資料保存室標本、田辺　積コレクション）

クモヒトデは底質中に含まれる有機物を食べているが、海底面を歩いたり移動するときは左右対称の姿勢をとることが知られている。掛川層群の化石はこの左右対称の姿勢のまま化石になった個体が数多いことから、おそらく海底地辷（すべ）りによる生き埋め状態の中で脱出しようとうごめきながら死んでいったのではないだろうか。

（石田吉明）

ナウマンゾウ

佐浜層（浜松市）が模式地

ナウマンゾウ（学名 *Palaeoloxodon naumanni*）は第四紀の更新世後期を代表する示準化石で、日本列島のほぼ全域（約 200 カ所）からたくさんの骨格標本（1000 点以上）が発見されている。このナウマンゾウの完模式標本に指定されているのが浜名湖畔（浜松市佐浜町）で産出した「左右の第三大臼歯を付けた下顎骨」である。

示準化石は、生存期間が限られ、分布が広く、地層の対比や時代の決定に有効な化石を指す。完模式標本は新しい生物種を提唱するときに指定される一つの標本を指し、その「種」に関するすべての基準となるものである。

ナウマンゾウの名前は 1881 年、日本のゾウ化石を最初に報告したドイツの地質学者エドモント・ナウマンに因んで命名された。

ナウマンゾウの祖先はもともと中国大陸に生息していたが、更新世前期の氷河期に海面が低下して出現した対馬陸橋（対馬海峡）を渡って日本列島にやってきた。しかし、その後の温暖化によって海面が上昇し、陸橋が再び海峡になってしまったために日本列島に閉じ込められてしまった。それ以来 40 万年かけて日本で独自に進化し、1 万 5000 年前に絶滅した。

成体の体長は 4.5m、肩高 3 m で、現生するアフリカゾウよりも小さく、インドゾウよりは大きい。体型は肩と腰部の高いアフリカゾウに似ているが、牙の曲がり具合は絶滅したマンモスゾウに近い。

1921 年（大正 10 年）、干拓のために三方原台地の崖（がけ）を削った際、佐浜層の土砂の中から上顎の臼歯１対、右切歯（牙）、１対の臼歯を付けた下顎のほか多数の骨片が発見された。頭蓋骨もあったが、砕かれて土砂と一緒に埋められてしまったという。

佐浜層は砂や礫の混じる泥層からなり、その堆積環境は現在よりもいくらか温暖な汽水性の閉鎖的な内湾沿岸または河口域で、数 m の水深であった。また、堆積年代は火山灰層などから 18.6 ～ 24.5 万年前と推定されている。

堆積当時、古浜名湖の沿岸低湿地と、平野部や背後の丘陵地には多数のナウマンゾウが生息しており、化石骨は河川の洪水流によって運搬されたと推定される。模式地周辺ではこれまでに６カ所から 10 頭分以上の骨格標本が産出している。

（池谷仙之）

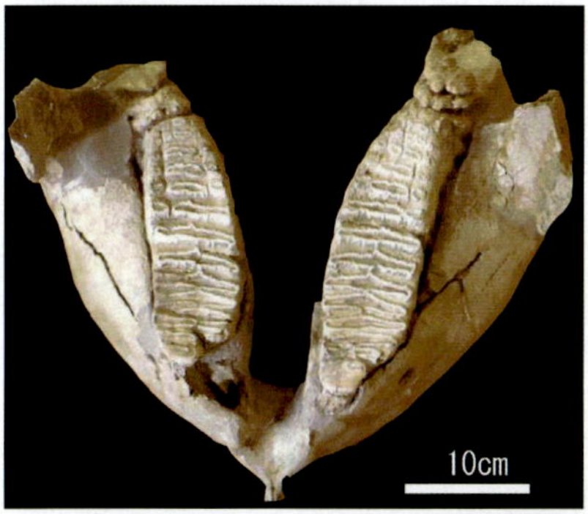

㊧京都大学博物館に保管されている完模式標本（臼歯１対を付けた下顎骨）と㊦副模式標本（右切歯＝牙）

オオカミの化石

大陸から来た北方系動物

オオカミは現在、北半球の北部、ことに北緯 50 ～ 60°付近に広く分布している。日本列島にもかつては生息していたが、本州のニホンオオカミは 1905 年に奈良県鷲家口で捕獲された若いオス（毛皮と頭骨標本＝大英博物館蔵）を最後に、また、北海道のエゾオオカミ（剥製＝北海道大学博物館蔵）も 1889 年前後に絶滅したと考えられている。絶滅の主な原因は人為的駆除によるものであった。

ニホンオオカミが日本各地にいたことは、縄文時代以降の遺跡や洞窟から多数報告されているほか、書物などを通じても伝承され、チョウセンオオカミに近縁であるとの説もあるが、その起源や渡来ルートについてははっきりしていない。

ここに紹介するオオカミの化石は、ニホンオオカミよりも時代的に古く、大きさもずっと大きいオオカミの話である。1960 年、浜松市北区引佐町谷下の石灰岩裂罅堆積物中から左右の下顎骨が発見された。

この標本は保存状態が非常によいもので、歯の咬耗がかなり進み、明らかに老齢のものであることが読み取れる。また、左の顎骨には骨腫瘍の痕跡が見られた。

下顎骨や歯の計測値をこれまでに知られているほかの標本と比較したところ、北九州平尾台のこむそう穴産のニホンオオカミの最大値よりもかなり大きく、北海道のエゾオオカミに近く、また、世界一大きいとされた青森県尻屋崎の標本に匹敵することがわかった。臼歯の大きさから大陸のシベリア型オオカミに属するものであると考えられる。

オオカミ化石とともに静岡県下ではヒグマ、トラ、オオツノジカ、ナウマンゾウなどが産出し、ナウマンゾウを除いて当時の動物群は明らかに北方系要素で占められている。また、これらの化石動物群は尻屋崎や栃木県葛生町の化石動物群の構成種ともよく似ている。

谷下のオオカミ化石の出た石灰角礫砂層より下位の粘土層からは、南方系の鯉科魚類やワニなどが大量に産出していることから、脊椎（せきつい）動物化石群の南方系から北方系への変遷が読み取れる。この地域は温暖から寒冷に移り変わる第四紀の気候変化、おそらくリス・ヴュルム間氷期からヴュルム氷期の動物相を理解する上で大変重要な位置を占めている。

（長谷川善和）

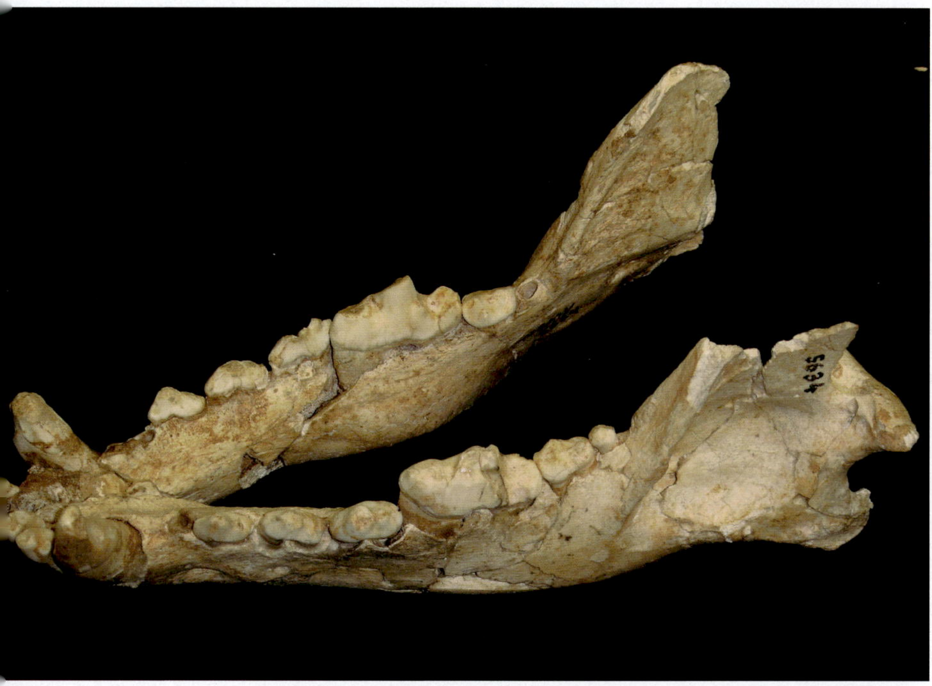

オオカミの下顎骨（左右）の化石。最大長 20.5㎝（浜松市北区引佐町谷下、旧河合石灰鉱山の裂罅堆積物中から当時中学生の柴田建雄・蜂野浩一郎両君が発見し国立科学博物館に寄贈された標本）

ニホンモグラジネズミ

絶滅した食虫類

ニホンモグラジネズミ（*Anourosorex japonicus*）は日本列島の第四紀を代表する絶滅小型哺乳動物の一つ。名前にネズミと付いているが、齧歯目のネズミの仲間ではなく、モグラの仲間で、モグラ目（食虫目）のトガリネズミ科に属する。現生のトガリネズミ科は日本に4属12種生息している。

この化石は、1953年に浜名湖の北、浜松市北区引佐町の竜ケ石山（359m）のふもとにある石灰岩の竪穴（深さ4m、幅1m）から発見された。この約10万年前の堆積物中にはトラやヒグマ、オオツノジカ、ニホンムカシジカなどの大型動物に混じって、食虫類や齧歯類などの小型動物が密集し、同定された36種の内、10種は絶滅種であった。

ニホンモグラジネズミは現生種のジネズミよりも大きく、アズマモグラに近い大きさである。頭骨はやや扁平で、頬骨は未発達。顎関節は頑丈ではあるが､上下の顎は肉食動物のようにがっちりとはまり込まない。下顎の筋突起は上方へ､間接突起は内側に強く張り出す。歯数は少なく、歯形から切歯、犬歯、前臼歯の区別がつかない。先端の歯は上下ともに大きく、獲物を強く挟んで捕まえる仕組みになっている。

インドのアッサム地方からタイ、ベトナム、中国四川省、台湾に生息しているモグラジネズミ（*A. squamipes*、現生種は1属1種4亜種）と骨の計測値を比較した結果、第三臼歯が小さいことなどの特徴から、化石骨は新種とされた。この種は栃木県葛生や山口県秋吉台からも産出しているので、日本各地に広く分布していたと考えられる。

ニホンモグラジネズミは約35万年前のリス氷期のころに大陸から日本列島に渡来し、中期更新世に最も繁栄して、後期更新世になると次第に衰退し、完新世になると高山地帯に追いやられたと推測される。

すでに絶滅したと考えられているが、もし生存しているとすれば、南アルプスの雲霧帯あたりではないだろうかと密かに考えている。発見されれば第三臼歯は退化して、新種として扱われるほどになっているだろうと予測される。（長谷川善和）

頬骨がなく、切歯と犬歯の区別がつかないニホンモグラジネズミの頭蓋骨
（模式標本、上図は咬合面観、下図は左側面観。
国立科学博物館所蔵、スケールは1㎝）

浜北のトラ

日本にも生息の痕跡

トラ（虎）は勇猛な動物としてよく日本画のモチーフに選ばれ、掛け軸や屏風(びょうぶ)絵に描かれている。加藤清正の虎退治は有名な話であるが、その舞台は朝鮮半島であった。

現在、百獣の王ライオンはアフリカから中近東に、トラはインドからシベリアにかけて分布し、日本列島には生息していない。ところが、第四紀更新世後期（40 万年前以降）には、日本にもトラがいたのである。トラの化石は青森県下北半島から栃木県葛生、群馬県桐生、静岡県の浜松市浜北・引佐、山口県伊佐、大分県津久見など十数カ所から産出している。

1960 年の正月、筆者はリンゴ箱に入ったトラの化石の夢を見た。その年の 4 月、旧浜北市根堅の旧石灰岩採石場の洞窟堆積物から、東海学園高校地学部（名古屋）の生徒たちによって大量のトラの化石が発見され、その一部が筆者のもとに届けられた。まさに一生一度の正夢となった。

このトラ化石はほぼ完全な頭骨や下顎骨をはじめ、上腕骨や大腿骨など 6 ～ 7 頭分に相当するものであった。計測した骨格は小型で、ヒョウとトラの中間のサイズなので、日本のトラは島峡化によって矮小化したのであろうと考えていた。しかしその後、他地域の化石に大型のものもあり、個体差が大きいことが分かってきた。

それにしても数頭がまとまって産出しているのはどうしてだろうか。トラはライオンのように群れでは生活していない。雌親と子供の群れだったのだろうか。

浜北のトラはヒグマやオオカミなどとともに北方系の動物であると考えているが、このトラ化石とほぼ同時代、浜松市佐浜では南方系のナウマンゾウが、また旧細江町谷下では亜熱帯に生息するワニやハナガメ、コイ科の魚が産出している。

このころの日本列島には、日本に生息する動物の直接の祖先たちが南方ルートあるいは北方ルートを経て大陸から渡来し、混交動物相が形成されていた。哺乳類だけでも100種を超えるが、その半数以上は1万年前ころには絶滅してしまった。今、生存している哺乳類はこの時代の生き残りである。（長谷川善和）

浜北産トラの頭骨化石、上図は左側面観、下図は腹面観。スケールは10㎝（国立科学博物館所蔵標本）

浜北人骨

本州唯一の旧石器期人骨

われわれはどこから来たのか？ 誰もがもつ疑問である。日本列島に最初に住み着いた人々は何者だったのだろうか。石器や土器だけではなく「人」そのものの実態を知りたい。

しかし、酸性土壌が広く分布する日本では、骨の成分であるリン灰石が溶かされてしまい、古い時代の人骨を発見することは難しい。ところが、石灰岩の洞穴を埋める堆積物はアルカリ性なので骨が化石化して保存されることがあり、これまでにいくつかの人骨が発見されている。

その一つが浜松市根堅の石灰岩採石場の洞穴堆積物から産出した「浜北人」であった。1960 ～ 1962 年に発見された人骨は二つの層準に含まれ、それらは「上層人骨」「下層人骨」と名付けられた。

上層人骨は多くの頭蓋骨片、1 本の臼歯と上腕骨、寛(かん)骨片からなり、その骨盤の形態などから 20 歳代の女性と推定された（写真の矢印の部分が緩やかにカーブするのが女性の特徴）。また下層人骨は脛(けい)骨片のみで、年齢や性別は不明である。

「浜北人」は地質学的に旧石器時代と推定されたが、その詳しい年代は不明であった。2002 年に最新の手法（放射性炭素法とフッ素法を併用して測定）を用いて、上層人骨は約 1 万 4000 年前、下層人骨は約 1 万 8000 年前であることが判明した。これまで旧石器時代とされていた各地の人骨についても再検証した結果、その多くは、実は旧石器時代までさかのぼらないことがわかってきた。現在、本州で確実に旧石器時代人と言えるのは「浜北人」だけである。

ところで「浜北人」は縄文時代人の祖先なのであろうか。上層人骨の形態がその後の縄文時代人と似ているのに対して、下層人骨は縄文時代人とは相違する。また約1万8000年前のナイフ形石器文化と約1万4000年前の細石刃文化の連続性が乏しいことから、縄文時代人の祖先は大陸から新たに移住してきた可能性が高い。本州で唯一旧石器時代にさかのぼることが確認された浜北人骨は、日本人の起源とその形成過程を考察する上で極めて重要な標本である。（松浦秀治）

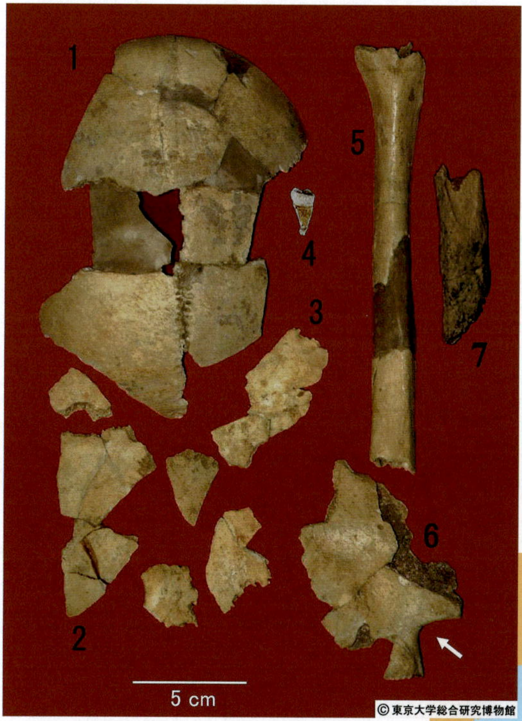

浜北人骨（1～6は上層人骨の頭蓋骨片、右下顎第三大臼歯、右上腕骨と右寛骨片、7は下層人骨の右脛骨片）（東京大学総合研究博物館所蔵）

日本列島で産出した旧石器時代人骨（赤字は年代が旧石器時代までさかのぼらないか人骨ではなかったもの、また消失したり断片的であったりして研究不可能な標本を指す）

縄文海進

沖積層に残された珊瑚礁

今から約6000年前の縄文時代の中ごろは地球の温暖化が最も進み、海水面が上昇して日本列島の沿岸低地は海に覆われていた。このころのことを「縄文海進」と呼んでいる。その後、海水が徐々に退いて、後に残った地形が沖積平野である。

6000年前の静岡市清水区付近の海面は現在より5m以上も高く、海水温も現在より2℃ほど高かったと推定されている。このことは、潮間帯付近に生息するマガキが有度丘陵北東麓の海成段丘最上部層（標高5m）から産出し、その酸素同位体比や放射年代の測定などから知ることができる。

この地域に人が住みはじめたころも、まだ湿地や沼地が広く残っていたと思われ、各地の地名として残されている。

巴川の下流域に発達した清水平野は「巴川低地」とも言われ、海成の泥層や砂層が厚く堆積している。永楽町付近の沖積層上部の砂層からは大量の貝化石とともに造礁性の珊瑚(さんご)化石（水深7～10mに生息する）が産出する。

共産する貝類は珊瑚礁周辺の砂底に生息する熱帯種（現在では紀伊半島以南に生息）で構成されている。特に、モクハチアオイガイは現在、奄美大島以南にしか分布していない典型的な熱帯種で、縄文海進に伴う温暖化で古黒潮海流に乗って北上してきたものと考えられる。

この巴川低地に産出する造礁性珊瑚の化石は駿河湾、江浦湾奥の海底からもドレッジによってたくさん見つかっているので、当時の駿河湾は湾奥まで黒潮の影響が強かったことを示している。80種を超える珊瑚が厚さ70㎝以上も礁として成長している有名な「沼の珊瑚礁化石」（房総半島南端、館山）も年代測定の結果、「清水の珊瑚礁化石」と同時代であることが確認されている。

このように成長した珊瑚礁の発達から、縄文時代は房総半島まで現在の鹿児島長崎鼻〜奄美大島付近の暖かい環境であったと推定される。現在、人間活動の最も盛んな日本の都市部の大半は、縄文時代の海底が陸化してできた軟弱な地盤の沖積平野に展開されている。私達は温暖化の進行によって再び海が浸入してくることも想定しておかなければならない。

（松島義章）

JR清水駅前の旧丸井デパート建設工事中に地下2.5mから産出したキクメイシの群体化石（大きさ約20㎝）。中央には珊瑚に孔をあけてすむ二枚貝のハネマツカゼガイと、左端には珊瑚の死後に付着したオオヘビガイの付着痕が見られる
（神奈川県立生命の星・地球博物館標本、田口公則氏撮影）

Column　生物分類学（Taxonomy）

生きものにはそれらを区別するために名前（俗名）が付けられている。例えば、犬はdog, Hund, chien, perroなど、地域や民族によって呼び名が異なる。そこで世界共通の名称として、1758年以来、リンネの二名法（binominal nomenclature）を用いた学名（犬＝ *Canis familiaris* Linne,1758）が用いられている。

生物分類は「共通にもつ属性に基づいて生物をクルーピングすること」（Mayr,1991）と定義され、生物学的種の基準は交配可能な自然個体群の単一な基準標本（完模式標本 =type specimen=holotype）に基づいている。それでも同一の生物に別の名前（同物異名：synonym）が付けられたり、別の生物に同じ名前（異物同名：homonym）が付けられることがあるが、いずれの場合も先取権（priority）の原則により学名は一つである。これらの名前はラテン語で記され、国際動物命名規約（原生動物や植物、細菌では規約が異なる）に基づいて保護されている。

現在、自然界に存在するわれわれの知る種は動物が約150万種、植物が30万種以上と云われ、それぞれの分類単位は分類階級に分けられている。そして未知の生物や化石を含めたら、地球上にはこの10倍もの生物種が存在すると推定される。　（池谷仙之）

分類体系における階級と分類単位（動物の例）

分類階級（category）	分類単位（taxon）
界：kingdom	動物界：Animaria
門：phylum	脊索動物門：Chordata
綱：class	哺乳綱：Mammalia
目：order	食肉目：Carnivora
科：family	ネコ科：Felidae
属：genus	ネコ属：*Felis*
種：species	ネコ（ヤマネコ）：*Felis silvertris*
（亜種：subspecies）	イエネコ：*Felis silvertris catus*
（品種：raceや変種：varietyなどを用いることがある）	

Chapter 03 県内でも見られる生き物たち

地球上のあらゆる環境に適応して、さまざまな生き物が生活している。「こんなところにこんな生き物がいる」というように、ごく身近な自然に，肉眼では見えない小さな生物から思いがけないような形態をした生き物たちまでみんな逞しく生活している。
これらは、すべて、38 億年にわたる長い生物進化の結果なのである。

バクテリアとアーキア

駿河湾の生態系を担う

生命が地球上に最初に登場したのはおよそ35億年以上昔のことである。あらゆる地球生物の共通の祖先となった生命体は、単細胞のバクテリアとその仲間のアーキアからなる「原核生物」に似たものであったと考えられている。

原核生物は現在も、地球上のあらゆる環境（大気、水、土壌）に「生物の中の多数派」として生命活動を繰り広げている。

この小さな原核生物は例えば、1㎖の駿河湾の表層水には数十〜100万、水道水にも1万というように、おびただしい数で存在し、我々の身近なところにいながら、あまりに小さい（ほとんどが1 μm＝1000分の1㎜）ので肉眼では見られない。

蛍光顕微鏡（遺伝子の本体であるDNAを試薬で光らせて、その蛍光を波長の短い紫外線で観察する）で観ると、ほとんどが球や筒のような形をしているが、この中には何種類ものバクテリアとアーキアがいる。

しかし、そのほとんどは未知のままである。これらの原核生物は有機物を分解したり、窒素を循環させたりして、生態系を動かす自然界のリサイクルの底辺を担っている。

富士山に降った雨や雪は主として表層水として河川によって駿河湾に運ばれるが、実は富士山の地下には膨大な量の水が蓄えられていることが知られている。

東南麓（ろく）の駿東郡清水町を走る国道1号の下から忽然（こつぜん）と湧き出る日量100万tにも及ぶ地下水は、柿田川となって狩野川に合流し、駿河湾に注いでいる。

地下水中では光が届かないので、酸素は生産されないのだが、柿田川に湧き出る水は十分な酸素を含んでいる。それは富士山に降った雪や雨が 10 ～ 30 年の歳月をかけて麓（ふもと）で湧き出すまでに、溶岩の割れ目や火山砕屑（さいせつ）物層を通過する際に酸素を豊富に取り込んでいるからだと考えられる。

そして、このような地下圏にも原核生物は生息している。地下水 1 mℓ中に 1000 ～数千と水道水よりも遙かに少ない数であるが、彼らはどのような生命の営みをしているのだろうか。この未知の世界の研究は今始まったばかりである。（加藤憲二）

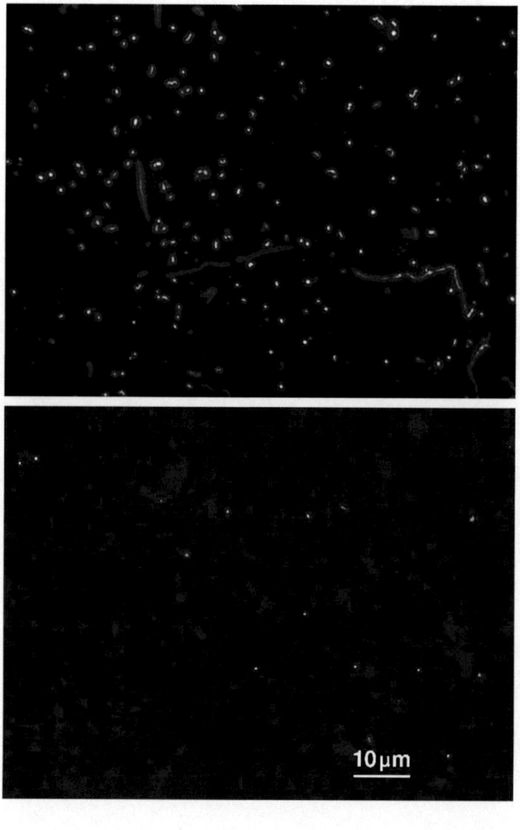

㊤蛍光顕微鏡によって観察した海水中のバクテリア（左上のサークル内の2つの細胞がつながっているのは細胞分裂が終わり、新しい生命が誕生したところ）
（駿河湾、清水港の海水、2007年8月10日撮影）
㊦同様の手法で観察した柿田川の湧水
（約100倍に濃縮、2009年7月4日撮影）
（いずれも約1000倍に拡大、スケールバーは10μm）

駿河湾のプラシノ藻

最小の植物プランクトン

駿河湾は急深な崖からなる日本一深い湾（最深部 2500m）として知られる。この駿河湾の中央部表層で植物プランクトンの総量を調べると、春と秋に増加し、夏に減少する周期が見られる。

表層から水深 40 ～ 50m までは珪藻(けいそう)、緑藻、ハプト藻、ペラゴ藻、クリプト藻、プラシノ藻などの藻類が、それよりも深いところには原核緑藻（核は核膜に包まれずにむき出しのままで、緑藻と似た葉緑素をもつ）が７～９月にかけて増加する。

光合成反応によって増殖したこれらの植物プランクトンは動物プランクトンの餌となり、順次、高次生物の食物連鎖に組み込まれる。太陽光がほとんど届かない水深 200m 以深では、光合成をする藻類は生息できないとされていた。

ところが最近では、トワイライトゾーン（水深 200 ～ 1000m）までかすかに光が届くと考えられるようになり、わずかではあるが藻類特有の色素が存在するという興味深い事実がわかってきた。そこで、水深 600m から採取した海水を適当な温度と光の下で培養したところ、珪藻などの藻類が増殖してくることが確認された。

これらの植物プランクトンと、これらを食べた動物の糞(ふん)はマリンスノーとなって海中を沈降していく。この過程で微弱な光では増殖できないが、休眠状態でかろうじて生命を維持し、深海底まで到達するものもいる。培養実験による藻類の増殖は生命体の復活を意味している。

焼津沖で採取している「深層水」（水深 687m）の培養でも、表層部に生息しているプラシノ藻の一種が出現してきた。プラシノ藻は単細胞の植物プランクトンで、核を持つ生物の中で最小サイズ（1μm）の原始的な緑藻類である。また、遺伝子の解析から緑色植物の祖先と考えられており、古くは約19億年前の地層から化石が見つかっている。

これらのプラシノ藻が深海の弱光環境下でどのようにして生命を維持しているのか。単純で最小の細胞構造と生命維持機構や光合成反応の仕組みは、現在、生命史における進化の研究で最もホットな話題として注目を集めている。（塩井祐三）

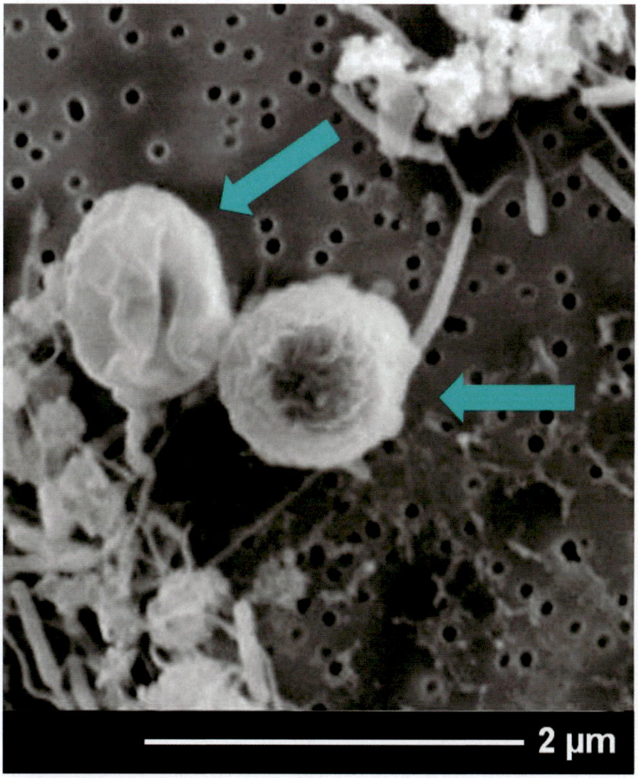

細胞の表面は鱗片でおおわれ数本の鞭毛をもつプラシノ藻
（*Pycnococcus provasolii*）
（駿河湾の深層水を培養し、走査顕微鏡写真で撮影、約1万6000倍、西河遼撮影）

アンモニア・ベッカリー

過酷な環境にも生息

浜名湖の湖底の泥や湖畔に分布する更新世の地層（浜名泥層、約20万年前）を細かい目の篩（0.5㎜以下）にかけ、泥質分を洗い流した後の残さを虫眼鏡で観察すると、石英などの鉱物粒子に混じって貝やゴカイなどの糞粒とともに、小さな巻貝のような石灰質の殻が見られる。これは巻貝の子供ではなく、有孔虫という単細胞生物の殻（大きさは0.5～1㎜）なのである。

さらに走査型の電子顕微鏡で拡大して見ると、小部屋（房室）が鎖状や螺旋状に連なり、その表面に細かな孔がたくさんあいている。このように複雑な装飾をもつ殻は堆積物中に埋没しても壊れずに、地層中で数万年、数百万年、ときには1億年を超える長期間にわたって保存されることがある。

ここに紹介するアンモニア・ベッカリー（学名 *Ammonis beccarii*）はリンネが1756年に命名した有孔虫で、和名はない。海水と淡水が混じる汽水域の干潟や湾奥部に生息し、しかも塩分の変化に強く、多くの生物が棲めないような硫化水素が発生する貧酸素状態の環境にも耐えられる。このような特性をもつ生物は環境指標種として有効であり、その化石は過去の海の様子を知る強力な手がかりになる。

ある地層からアンモニア・ベッカリーが見つかれば、その地層が浅い汽水環境で堆積したことを示し、さらに殻の形態や構造を調べることによって、詳細な堆積環境を推定することができる。すなわち、殻表面に多数あいた細かな孔の相対的な大きさによって、それが小さければ海水中の酸素量が豊富であったことが、また大きければ酸素濃度が低かったことが知られる。

殻にあいた孔は体の内外のガス交換に使われており、酸素が少ないときは孔を大きくすることで効率的に酸素を取り込んでいることが飼育実験によって確かめられている。変化する海水の酸素濃度が有孔虫の殻表面の孔に記録されるなど、殻の形態的特徴が過去の海の様子を知らせてくれるのである。（豊福高志）

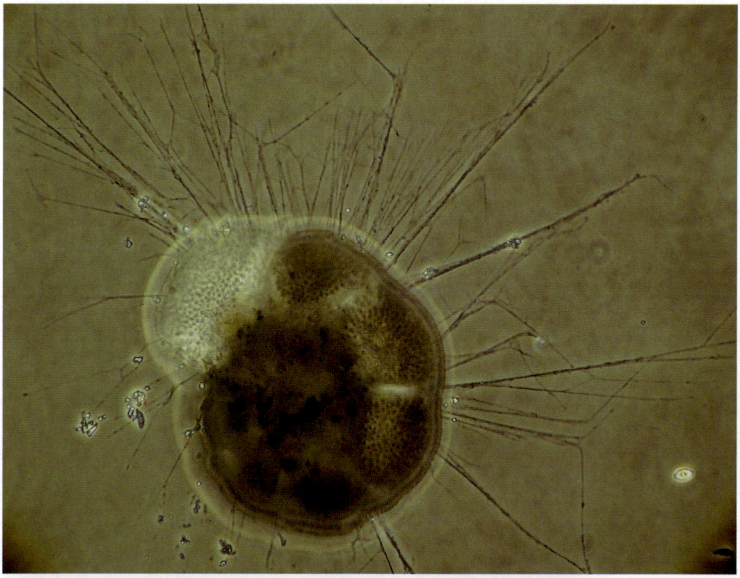

有孔虫の殻内は細胞質でみたされ、殻にあいた多くの孔から殻外に粘着質の仮足を出している（殻内の小さな顆粒は仮足に捕らえられた珪藻、殻内の暗色の粒は老廃物）

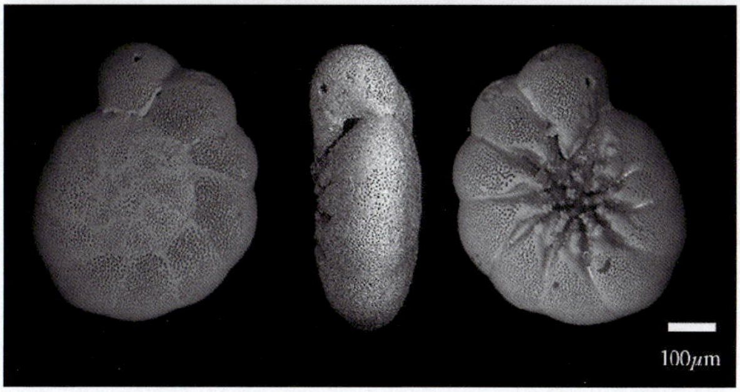

アンモニア・ベッカリーの走査型電子顕微鏡写真（成長に伴って中心から左巻きに石灰質の房室がつぎつぎと付加される）（浜名湖で 1998 年 10 月採集）

コガネグモ

腹部の模様はまるで「鬼のパンツ」

日本産のクモはおよそ1400種知られている。家の中から森林、水辺、さらには市街地など至るところに生息しているが、どちらかといえば嫌われ者であるがために注目を浴びることも少なく、ただ「クモ！」と一括されてしまうのは残念である。

コガネグモは、腹部がまるで「鬼のパンツ」をはいたような黄と黒の縞模様からなる比較的大型のクモである。多くのクモがそうであるように、体長はメスの20～25㎜に対して、オスは5～7㎜と小さく、色も黒っぽく、まったく別種のように見える。同じ夏から秋にかけて出現する、似たような「鬼のパンツ」をはいたジョロウグモがいるが、コガネグモよりも若干スマートなので区別は容易である。

コガネグモは日当たりの良い草間や樹間、軒先などに直径50㎝くらいの円形の「クモの巣」を張る。一般に「クモの巣」と言っているのは、餌となる昆虫などを捕獲するための装置（道具）であって、「巣」はクモが休息したり子育てをする場所のことなので、研究者は「クモの網」と呼んでいる。

コガネグモや近縁のチュウガタコガネグモ、コガタコガネグモの「網」には、中央部に「隠れ帯」と呼ばれるX字形をした白帯を付けることが多い。この隠れ帯はクモが姿を隠すためとか、網に鳥がぶつからないように目立たせるためとか、また網の強度を補強したり、餌となる昆虫を招き寄せるためとか、さまざまな説があるが、いまだに明確な答えはない。

本種は本州以南から南西諸島に分布し、静岡県でも以前は農家の軒先などに普通に見ることができた。しかし、最近は多くの地域でその数を減らしつつある。その原因は市街化が進み、水田が減ってきたためと思われる。

珍しい生物が減少すれば絶滅の危惧(きぐ)が叫ばれ、保護対策がとられることも多い。しかし、このクモのようにとりわけ注目されることも無く、人知れず姿を消してしまう生き物も身近に存在するのである。

（久保田克哉）

㊧コガネグモ♀
（旧中伊豆町＝伊豆市、2008年9月13日撮影）

㊦「網」にX字型の隠れ帯を付けているチュウガタコガネグモ♀
（旧伊豆長岡町＝伊豆の国市、2006年10月21日撮影）

ウミホタル

海中にゆらめく光の軌跡

月のない暗夜、海中に光が見えることがある。波頭にキラキラ輝く夜光虫とは違う鮮やかな青い光が軌跡を描いている。光の主はウミホタル。体長３㎜ほどの甲殻類で、昼間は海底の砂の中で休んでいるが、夜になると海底付近を泳ぎ回り、生きた魚にでも襲いかかる獰猛（どうもう）な肉食生物である。

ウミホタルの光の実体は体内で合成されたルシフェリンが海中で酸化反応によって発光したものである。この光はウミホタルにとってホタルと同じように求愛手段であるほかに、外敵に対する「目くらまし」という武器でもある。この光をほかの生物が利用することがあり、ウミホタルを捕食した魚がルシフェリンを使って発光していることが知られている。太平洋戦争中には日本軍が夜間標識として研究し、近年では細胞内での化学反応の検出に用いられている。

ウミホタルの仲間（ミオドコーパ目）は４億年以上も前に出現したにもかかわらず現在まで姿形はほとんど変わっていないが、その昔は自ら発光することはできず、触角にある反射器で陽光や月光を反射していた。現在でもこの仲間の大部分は祖先と同様の方法を用いて求愛している。

これらの「非発光種」から数百万年前に分岐し、ルシフェリン生産能力を獲得したのがウミホタルをはじめとする発光種である。日本の発光種は４種ほどで種数こそ少ないものの、個体数では圧倒的多数派を占めている。これは触角の反射板に比べてはるかに強力な発光能力を獲得したことで繁殖効率と捕食者回避能力が向上し、非発光種との競争に勝ち抜いてきたためと考えられている。

ウミホタルの仲間は日本列島沿岸に広く生息しているが、特に伊豆半島沿岸域ではほかの地域に見られないほど種多様性が高い（３種の発光種を含め20種以上も生息）。これは多様な環境をもつ小さな湾が多いという地形的特性が、少数派の非発光種に適した環境をもつくり出しているためと推測される。伊豆半島はミオドコーパの絶好の「隠れ里」といえるのかもしれない。（若山典央）

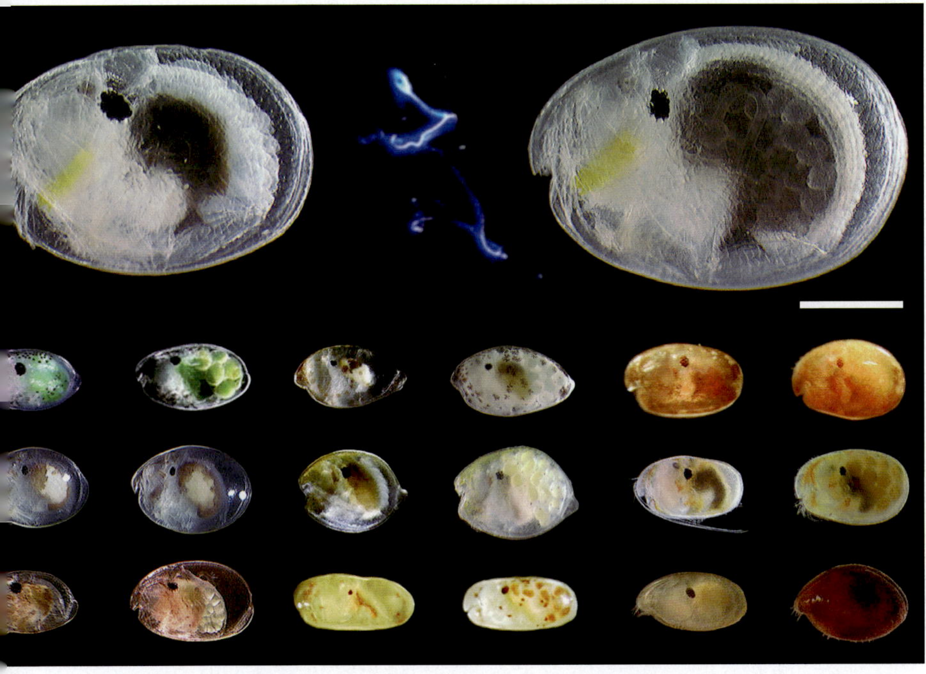

上段＝ウミホタルの♂（左）と♀（右）（スケールバーは１㎜）
上段中央＝海中に光の軌跡を残すウミホタル
下段＝伊豆半島沿岸に生息する非発光種のうち９種（奇数縦列が♂、偶数縦列の♀の殻内には卵が透けて見える。体長は１～４㎜）

オストラコーダ

生涯、間隙水中に生きる

海辺の砂浜で穴を掘ると海水が染み出してくる。この水は砂粒の隙間を埋めている「間隙水」であり、このようなところにもたくさんの生き物が棲んでいる。その中にオストラコーダ（貝形虫）というミジンコに似た小さな甲殻類が何種類も見つかっている。

オストラコーダの多くの種類は体長1㎜以下で、水のあるところに広く生息しているが、この間隙水に生活するものは特に小さく0.2㎜程度しかない。あまりに小さいので存在すら見落とされがちで、これまであまり研究されていなかった。

間隙水にいる種類は眼が退化していたり、無色であったりするものが多く、どうしてこんなところを住処（すみか）としたのだろうか。また、何を食べ、どのようにして分布を拡げるのだろうかなど、まだ解決されていないことばかりである。

駿河湾と相模灘の海岸線（約250㎞）に沿った50地点の間隙水から50種類以上のオストラコーダが見つかり、マイクロロクソコンカという一つの属だけでも10種以上が生息していることが分かってきた。しかもそれらのほぼすべてが未記載種（新種）であった。このような限られた地域内にこれほど多くの種が生息しているという報告例は世界的にも見当たらない。なぜこのように多くの種が存在するのだろうか。

マイクロロクソコンカ属の分布を見ると、伊豆半島北部の沿岸では未記載種Aが西側と東側に分断されており、また、半島南部の沿岸にはこれとは別の未記載種Bが分布している。特に種Aは伊豆半島を隔てて互いに遺伝的距離が大きく離れていることがDNAの解析結果から分かってきた。

この地理的分断は伊豆半島が本州に衝突した時期に起こったらしい。現在は遺伝的交流が絶たれている可能性が高いので、このまま長い時間が経過すれば、互いに別種として分化する可能性がある。この地域の異常に高い種多様性と分布様式は駿河湾や伊豆半島の成立と大きく関連していると推測される。

このほかにも、伊豆半島の沿岸には「生きている化石」(何億年もの間その姿をほとんど変えていない)とみなされる種や、深海にしか生息が知られていない種も発見されており、自然史的興味は尽きない。

(塚越　哲)

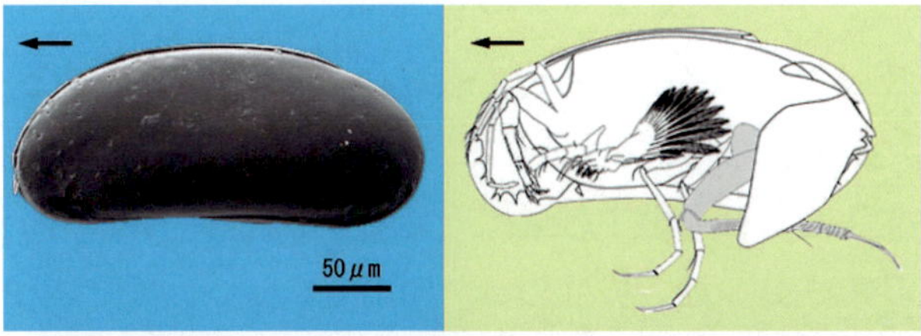

間隙水に棲むオストラコーダ(マイクロロクソコンカ属の未記載種B)。左は背甲に覆われた外観(走査型電子顕微鏡写真)、右は左殻をはがした軟体部の解剖図(矢印が前方)

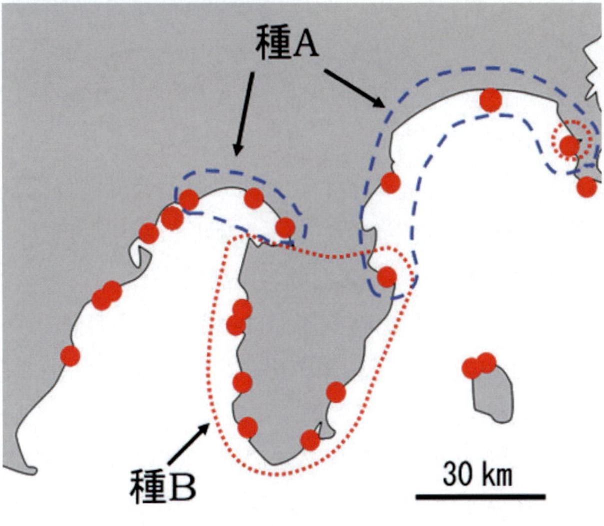

駿河湾と相模灘沿岸におけるマイクロロクソコンカ属の分布(赤丸)。青点線内は種A、赤点線内は種Bの分布範囲を示す

サムライアリ

異種の蟻を奴隷に

イソップ物語のアリさんは働き者の代名詞となっているが、すべてのアリがこのように黙々と働く勤勉なアリばかりではない。サムライアリ（*Polyergus samurai*）はクロヤマアリ（*Formica japonica*）などの巣を襲って繭（まゆ）や幼虫を奪い、羽化した働きアリを奴隷として使うことが知られている。

黒褐色をしたサムライアリの体長は４～７㎜（女王アリは 10㎜ほど）で､長い鎌状の大顎（あご）は強力な武器に特殊化している。女王の世話や育児、巣作りや餌集めもせず、もっぱら地中の巣にいて、戦闘以外のいっさいの仕事はクロヤマアリにさせ、地表にはめったに出てこない。大きさや体色もクロヤマアリによく似ているので、私たちはサムライアリの存在にほとんど気付いていない。

夏に結婚飛行を終えたサムライアリの女王はクロヤマアリの巣を捜して潜り込み、そこの女王をかみ殺して働きアリごと巣を乗っ取り、その巣の中で新生活を開始する。このとき、クロヤマアリは侵入者を攻撃するが、撃退に失敗して自分たちの女王が殺されると新しい女王の世話をし始める。そして種の異なる新女王が産んだ卵の世話をする。

サムライアリがクロヤマアリの巣を襲う場面に出会うことはめったにないが、2005 年７月 22 日の午後、磐田市の桶ケ谷沼北側の平地で、女王アリを伴う約 400 匹のサムライアリの集団が観察された。

サムライアリの女王アリがクロヤマアリの巣を襲うときに同行することは知られていない。サムライアリの隊列は幅 50㎝、長さ２ｍに渡っ

クロヤマアリの巣から掠奪した繭を大顎でくわえて運び出すサムライアリ
（磐田市桶ケ谷沼、2005年7月22日撮影）

てクロヤマアリの巣の中に入っていった。２分後、手ぶらのサムライアリ40匹に続いて女王アリが出て来た。

次にクロヤマアリの繭41個をくわえた兵隊に続いて、幼虫５匹をくわえた兵隊が出てきた。この間、わずか20分の出来事であった。そして、帰りは来たときよりも速足で巣に戻っていった。地下で繰り広げられたであろう壮絶な戦闘の様子はどのようなものであったのだろうか。

（細田昭博）

ノコギリハリアリ

頭はクワガタ、尻はハチに似る

ハチのように腹部の先端に針をもつアリ（ハリアリ亜科）がいる。アリが針をもっていることはハチの仲間であり、ハチの仲間から進化してきたことを示している。

ハリアリ亜科は日本に 40 種ほど知られ、そのうち、ノコギリハリアリの大顎（あご）は特に大きく、ノコギリ刃のようにギザギザしていて、角ばった頭部の両端から突き出ている。

まるでクワガタムシを思わせる格好いいアリなのだが、「４㎜程度の大きさで、しかも、落ち葉に埋もれた林の中の土中にいて、地表には滅多に出てこない」というから、その姿を見る機会は少ない。アリの研究者でさえ「日本で何番目に採集した」というくらい珍種中の珍品であった。

ところが最近、その生態がわかってきたこともあり、各地で観察されるようになった。日本全国に分布するが、どこにでもいるというわけではなく、今でも比較的珍しい種であることに変わりはない。

もちろん、これまでは県内の記録もほとんどなく、筆者は３年前に初めて神奈川県真鶴で採集したときに、驚喜したことを覚えている。その後、御殿場市や富士市、富士宮市でも採集できるようになった。

本種を含むハリアリの仲間の多くは、シイやカシなどの照葉樹林、クヌギやコナラなどの落葉広葉樹林帯で、落ち葉の下のフカフカの腐葉土や朽木の中などに生息している。

樹木のうっそうと繁った暗くて湿度の高い森林は生物にとって不利な

ように思われるが、このような環境の土壌中には多くの生き物たちが豊かな世界を形成している。

ハリアリはそこに棲む微小動物やその卵などを餌として繁栄している。暗い土壌中に棲息するハリアリの眼（複眼）は小さく、退化しているものが多く、その代わりに触覚や嗅覚が発達している。互いのコミュニケーションや餌の採集など、生活のほとんどをこの２つの感覚器官に頼っている。

最近では人工林や密集した竹林などによって照葉樹林や落葉広葉樹林が減少し、ハリアリ類にとっても棲みにくい環境になっている。

（加須屋　真）

ノコギリハリアリの成体♀
（繁殖能力のない働きアリ、体長約４㎜）

ノコギリハリアリの頭部拡大
（富士市比奈、2007年5月16日採集）

アサギマダラ

海を越えて移動する蝶

夏になると、富士山や南アルプス周辺の山地には多数のアサギマダラが集まってくる。

この蝶は黒と茶色の地に明るい水色の紋をもつ比較的大型の種類で、山地性かと思うと、10月ごろには低地の市街地にも姿を見せる。夏は山地のイケマ（落葉性のつる植物）の葉に、また秋になると里に下りてキジョラン（常緑性）の葉に産卵する。幼虫はこれらの植物の葉を食べて育ち、成虫はヒヨドリバナやフジバカマなどの特定の花を好むので、庭先に誘引することができる。

アサギマダラが海を越えて遠くまで移動することが分かったのは最近のことで、マーキング調査（捕獲した蝶の翅（はね）に油性ペンでマークして放す）をするようになってからである。

夏を富士山や南アルプス周辺で過ごした成虫は、秋になると南西方向に移動し、渥美半島の伊良湖岬などに集まり、ここから海に出て紀伊半島に渡る。そして、白浜あたりから再び海に出て、喜界島から奄美、沖縄諸島まで旅をする。

南国で産卵し、越冬した幼虫は翌春に羽化して、今度は北東方向に向かって旅立つ。その多くは瀬戸内海を経て日本海沿いを北上するが、初夏に県内で見られる成虫の中には、県内の伊豆半島から南遠地方の低地で越冬、羽化した個体に混じって、はるばる南方から飛来した個体も含まれていると思われる。

これまでに分かっている移動距離は2000㎞を超えることがあり、その範囲も北海道から小笠原諸島、南大東島、台湾や大陸の浙江省にまで及んでいる。また、同じ地点で放した複数の個体が、別の同じ地点でいっしょに再発見されるなど、移動が集団で行われていることを示唆する記録もある。

このような蝶の渡りは、一気に海を渡るのか、一つ一つ島伝いに行くのか、方向が分かっているのか、ただ気流に流されているだけなのか、そもそも、なぜリスクの大きい渡りをするのかなど、不思議なことが多い。

これらの調査には多くの市民の協力が欠かせない。翅に印の付いた蝶を見つけたら、捕獲または写真に撮って知らせて欲しい。しかし、残念なことに、このような調査の橋渡しのできる自然史博物館が静岡県にないのがネックになっている。

（清　邦彦）

㊤ヒヨドリバナの花の蜜を吸うアサギマダラ♂
（裾野市の富士山中腹、2006 年8月撮影）

㊦マークされたアサギマダラ♂
（川根本町蕎麦粒山、2004 年8月撮影）

ユスリカ

「益虫」と「害虫」の顔を持つ

ユスリカ（揺蚊）は蝿や蚊と同じ双翅目(そうしもく)の昆虫で、後翅が退化して2枚の前翅しかない。ごく身近にいながら、あまり認識されていないが、「釣り餌のアカムシがオオユスリカなどの幼虫で、蚊に似た成虫は川や池の近くでよく蚊柱をつくる」といったら思い当たるだろう。

蝿のように食物にたかったり、蚊のように血を吸ったりしないので、害にはならない。ところが1970年ごろから、生活排水で汚れた用水路などで大発生し始め、一躍「公害昆虫」や「不快昆虫」の仲間入りをするようになった。

幼虫は水底に溜まったヘドロを食べて成育するため、湖沼や河川の富栄養化防止に役立っている半面、大量に羽化した成虫は走光性があるので人家に飛来し、アレルギー性の鼻炎や喘息(ぜんそく)を引き起こす。益虫の顔と害虫の顔を併せ持つ。

ユスリカ科は昆虫の中では大所帯のグループで、世界で約1万種、日本で2000～3000種が生息する。セスジユスリカやオオユスリカの幼虫（アカムシ）はヘモグロビンに似た呼吸色素を持ち、泥粒などを唾液でつづり合わせた巣管をつくって、貧酸素下でも生息できる。

また、汽水域には耐塩性のシオユスリカ、温泉には耐酸性のサンユスリカ、さらに、低水温と富酸素下でしか生きられないヤマユスリカ類やオオヤマユスリカ類が渓流や湧水に知られている。このように種類によってさまざまな環境に適応しているため、指標生物として利用されている。

ユスリカの多くは水中に産卵し、２日か３日で孵化した幼虫は４回の脱皮を経て蛹となり、水面で羽化する。成虫は数日の寿命しかなく、その間に生殖を行う。雌を引き寄せるために集まったオスの群飛行動が蚊柱をつくる。

ユスリカは水中で体を揺すりながら餌を取る幼虫の姿から、あるいは前脚を揺する成虫のしぐさから、その名が付けられたというのもユーモラスである。幼虫はヤゴや魚に、成虫はクモや鳥に食べられ、ひたすら生態系ピラミッドの底辺に貢献してきたユスリカの一生を知れば知るほど儚さを覚える。　　　　　（新妻廣美）

セスジユスリカの成虫♂（体長約６～７㎜）

セスジユスリカの幼虫（体長約 10㎜）とその巣管と側溝に溜まった泥表面上の小穴
（いずれも静岡市駿河区大谷、2008 年５月撮影）

アオマツムシ

一生を木の上で過ごす

コオロギの仲間は一般に地味な黒か褐色であるが、アオマツムシは美しい鮮緑色をしている。8月の中ごろから10月にかけて、木の上でリーリーリー…と甲高い鳴き声で大合唱し、その音量はほかの秋の虫の声をかき消してしまうほどである。生態も変わっていて、一生を木の上で過ごし、木の枝の中に卵を産み込み、木の葉を食べて育つ。

この虫の強烈な鳴き声や鮮やかな体色から熱帯性の虫というイメージを与えるが、中国大陸の温帯地方が原産地と考えられている。日本では、江戸時代以前の昆虫図鑑（虫譜）にも見当たらず、また和歌などの文学の中にも出てこない虫であったが、明治時代になって、大陸から持ち込まれたらしい。おそらく果樹の苗木に産みつけられた卵が移入され、そのまま日本に帰化したのであろう。

日本で最初にこの虫に気づいたのは植物学者の日比野信一氏であった。1898年に東京・赤坂で鳴き声を聞いたが、その正体については分からなかった。1915年にようやくこの虫を捕まえて、松村松年博士（北海道大学）に標本を送り、1917年に新種として記載され、アオマツムシという和名が付けられた。

当時は東京の各地にもいたようであるが、その後、1950年代までに日本の大都市を中心に分布を広げ、1970年代には日本各地に急速に広がり始めた。今では岩手県を北限とし、鹿児島県の本土域を南限とする地域に分布するようになった。

静岡県では、1960年代までは熱海、伊東、土肥などのごく一部にだけいる珍しい種類であったが、現在では平地や低山地に普通に見られるようになった。

アオマツムシの形態や生活史、産卵習性などについては中国四川大学の紀要（1937 年）にナシの害虫として詳細に記述されている。最近、インドネシア、東ジャワ島で採集された同種の標本を入手したが、温帯のアオマツムシの卵は冬を越すための耐寒性をもつのに対して、熱帯のジャワ島の卵はどうなっているのだろうか。果たして熱帯地方に定着しているのだろうか。（杉本　武）

㊤背中に褐色味のあるアオマツムシの♂（1987年8月）
㊦背中全体が緑色のアオマツムシの♀（1987年9月）
いずれも静岡市駿河区谷田で撮影

ニホンミツバチ

野生性を強く堅持

最近、セイヨウミツバチの大量死（蜂群崩壊症候群）が社会を賑わせている。この世界的な現象は、近い将来、蜂蜜が食べられなくなるばかりか、受粉を担っているハウス栽培の農作物が食卓から消えてしまうかもしれないという深刻な問題を引き起こしている。

これは害虫駆除に使われた残留農薬が花蜜や花粉を汚染し、それを摂取した蜂の神経系が狂ってしまい、コロニーの維持ができなくなってしまったのではないかと疑われている。

蜂は世界に２万種もいるが、花の蜜を集める技を極めたミツバチは９種類である。通常、ミツバチといえば、世界各地で大量に飼育されているセイヨウミツバチを指し、日本では明治時代に輸入されて以来、在来のニホンミツバチと共存している。

両種の簡単な見分け方は、セイヨウミツバチよりニホンミツバチの方がやや小さく、体色も黄褐色に対して黒褐色である。また、ニホンミツバチには腹部末端節の基部に白い毛のバンドがあるのが特徴である。

ニホンミツバチ（*Apis cerana japonica*）は東南アジアに広く分布するトウヨウミツバチの５亜種の一つで、多湿な環境に強く、さらに寒冷地に適応し、日本はその分布の東限であるとともに北限でもある。

古くは「日本書紀」に登場し、蜜を採取した記録があるが、元来、野生種であり、自然巣は古木の樹洞につくられる。最近では人が仕掛けた巣箱や屋根裏、縁の下等の閉鎖空間をうまく利用する「したたかさ」を身につけている。

既に飼育法が完璧なまでに確立しているセイヨウミツバチに対して、ニホンミツバチの養蜂技術はいまだ確立していない。それは野生性を堅持し、なかなか人の管理下に従わないところにある。しかし、これを飼育しようとする人は多い。

この蜂の魅力は高度の耐病性と天敵（ハチノスツヅリガ、ミツバチヘギイタダニ、オオスズメバチなど）に対する防衛戦略を持っていることである。これらの特性を生かして、セイヨウミツバチに代わってニホンミツバチが日本の農業を救ってくれるかもしれないと期待されている。

（池谷仙之）

㊧東向きの崖下に置いた巣箱に営巣したニホンミツバチ（数枚の巣板が天井から平行に垂れ下がる。手前の黄色い巣板は最も新しく作られたもの。約１万匹の働き蜂に覆われている）
（牧之原市坂部、2009年6月1日撮影、4月10日に自ら巣箱に入り営巣を始めた）

樹齢約200年の椎の木の根元にできた洞に営巣したニホンミツバチ（洞の中の状態は全く不明）
（牧之原市勝田の勝間田塾裏山、2009年5月31日撮影）

モリアオガエル

水際の樹上に産卵

カエルの卵は普通、水の中に産み落とされ、紐状の卵嚢（らんのう）からオタマジャクシが産まれてくると思っている人は多いかも知れない。ところが、アオガエル科のモリアオガエルは樹の上に、またシュレーゲルアオガエルは田んぼや水際の土の中に泡状の卵を産む。

モリアオガエルは普段は森の中に暮らしていて、梅雨入りのころになると産卵のために池や沼地に降りて来て、水辺の樹の枝先に直径10～15㎝ほどの白色の卵塊を作る。

産卵の様子は、初めにオスがやってきて、水際の草陰で「カララ、カラララ…コロコロ」と特徴のある鳴き声でメスがやってくるのを待つ。数日後、水際の樹上にメスが現れると、オスたちは一斉にメスに向かって猛ダッシュし、1匹のメスに5～6匹のオスが群がることもある。

オスは自分の遺伝子を残すために争うようにメスのお腹（なか）を押し、産卵を促す。産卵が始まるとオスたちは精子をかけながら後足を動かし、何時間もかけて泡をかき混ぜる。卵の数は群がるオスの数によって変わり、300～800個程度である。産卵を終えると水中に落ち、水際でしばしの休憩の後、山に帰って行く。

できたての卵塊はホイップしたように白いが、日が経つにつれて表面はクリーム色に変色して固くなり、中の卵を保護する。2週間ほどした雨の日に固い表面は溶け始め、孵化したオタマジャクシは真下の池にポトポトと落ちる。オタマジャクシは1カ月ほど池で過ごし、後足が出て前足が出そろうと、尾がなくなるのを待たずに上陸して山に戻って行く。

この過程で、雨が降らないと卵塊が乾燥して全滅することもあり、池に落ちられない個体もある。運良く水の中に落ちてもイモリやヤゴなどの餌食になってしまい、成体になって山にたどり着けるのはわずか数匹しかいない。

モリアオガエルはアマガエルのように緑色の個体もあれば、トノサマガエルのように斑紋のある個体もある。大きさは４～８㎝で、オスよりメスの方が大きい。夜行性で樹上生活し、虫などを食べている。手足の吸盤が大きく発達しているのが特徴である。

モリアオガエルは日本固有種で、伊豆、天城山の八丁池では県の天然記念物に指定されている。　　　　　　　　　　　　（足立京子）

モリアオガエルの♂
（静岡市葵区北沼上、2002年6月19日）

モリアオガエルの卵
（静岡市葵区尾大沢、2006年6月24日）

尾を付けたまま陸に上がったオタマジャクシ
（静岡市葵区高山市民の森、2008年7月30日）

（いずれも伴野正志撮影）

シロマダラ

白い斑模様の珍しい蛇

白い地色に黒い横縞が並ぶ全長70㎝ほどの美しい蛇、シロマダラ（*Dinodon orientale*）は、気性が荒く危険が迫ると鎌首をもたげて威嚇、攻撃する。その風貌から、しばしば毒蛇に間違えられるが、毒はもっていない。

アジアの熱帯から亜熱帯に生息するマダラヘビ属は８種類いるが、その中で最も北（屋久島から北海道）に分布を広げたのが本種である。琉球諸島にはアカマタやアカマダラなどのマダラヘビ属の別の種類が生息している。

シロマダラの生態は、緑豊かな林床の倒木の下や岩の隙間などを隠れ家とし、夜行性で隠蔽性が極端に強いために、人目に付きにくく、これまでに確認された例は全国的にも少ない。食性は小さな蛇やトカゲを主に捕食している。

県内での目撃例も局所的で少ないが、最近、静岡大キャンパスで１匹が捕獲された。現在、静岡大キャンパスミュージアムでは大学構内の動植物の目録作りをしており、平成21年夏の調査ではアオダイショウをはじめ、シマヘビやヤマカガシなど、なじみの深い蛇が確認され、マムシの通報も多く寄せられたが大半は誤りであった。

ところが雨の降るある晩、マムシ出現との通報で駆けつけたところ、それはシロマダラの幼体であった。どうやら、頭をもたげて威嚇する姿がマムシを連想させたようだ。

この日は、運のよいことに目撃例の少ない希少なタカチホヘビも見つけることができた。タカチホヘビ（比較的小型で成体の全長は 50㎝ほど）も落ち葉溜(だ)まりの中や岩の下に潜み、夜行性でミミズを主食としている。雨降りにミミズが地表に出て来るころを見計らってタカチホヘビが現れ、それを狙ってシロマダラが現れたようだ。

このように静岡大とその周辺の森には、途切れることのない食物連鎖に支えられた豊かな自然環境がまだ残っている。しかし、このような環境も最近では開発の対象とされて、これらの蛇の個体数の減少が懸念されている。（加藤英明）

㊤シロマダラの幼体。脱皮してさらに大きく成長するが、詳しい生態については不明である

㊦タカチホヘビの成体
（いずれも静岡市駿河区大谷の静岡大構内で捕獲、2009 年 9 月 5 日撮影）

ミミズハゼ

地下水中に適応

ミミズハゼは河口や沿岸にすむハゼ科の魚類であるが、この仲間のなかには洞窟や井戸などの地下水や川の伏流水に適応したものがいる。これらは属名をルキオ（光の）ゴビウス（ハゼ）というものの、名前とは逆の闇の世界の住人である。

ミミズのような細長い体形で、皮膚はヌルヌルとした粘液で覆われ、ハゼというよりウナギかドジョウに似ている。肉食性でヨコエビやゴカイなどの小動物を捕食している。多くのハゼ類は背鰭（びれ）が２基あるが、ミミズハゼは１基である。日本には 10 種以上が知られているが、未記載種も多く、実際は 30 種くらいになると予想されている。

このような地下水生のミミズハゼ類はこれまでドウクツミミズハゼ、イドミミズハゼ、ネムリミミズハゼの３種が知られていた。静岡県には種名は未確定であるが、ドウクツミミズハゼに類似する１種と、イドミミズハゼに類似する２種の計３種（未記載）が生息していることが分かっている。

これらのうち、ドウクツミミズハゼ類似種は以前、三重県や和歌山県で採集された個体に近く、かつては東海地方にも広く分布していた可能性がある。しかし、近年では静岡県中部の河川下流域の礫（れき）質河床から採集されるほかには全く産出記録はない。また、イドミミズハゼ類似種のうちの１種は県中部の安倍川水系中流域の礫質河床から採集されるだけで、もう１種は中部日本から九州にかけて分布しているが、その採集記録は非常に少なく、県中部と西部の河川下流域で採集されているにすぎない。従って、これらの３種は静岡県特産といってもよい。

これらのハゼ類は河川の下流域や中流域の地下水中に生息し、産卵は地下水の湧出する浅い礫質の間隙水中で行われるようであるが、その生活史はほとんど分かっていない。

これらの種はいずれも間隙水中に適応しているため、河川工事などによって地下水の流れが変化したり、礫の間隙が泥で埋められて湧水がなくなると生息できなくなってしまう。これらの魚類は生息地が局限されている上に、生息場所の激減や生息環境の悪化によって絶滅寸前の状況にある。（金川直幸）

ミミズハゼ類似種（1978 年採集標本、安倍川中流、国立科学博物館所蔵、♀）

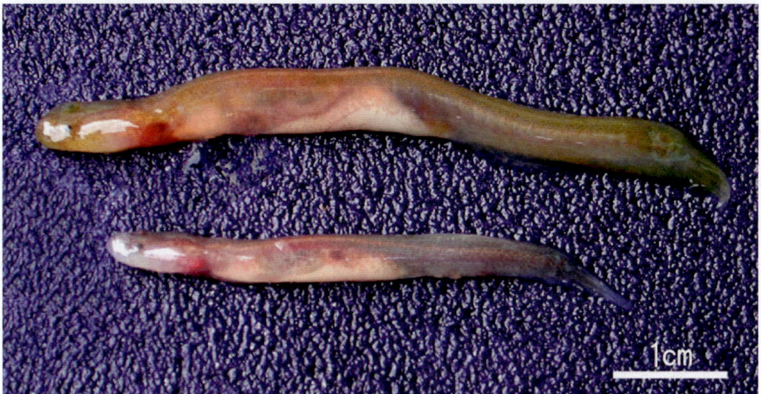

イドミミズハゼ類似種㊤とドウクツミミズハゼ類似種㊦（2008 年 5 月 4 日撮影、生体写真、中部地方の河川下流域、河川名は未公表、♂）

トウヨシノボリ

門構えにこだわる魚

トウヨシノボリは河川生のハゼの仲間で、海と川を行き来するヨシノボリ類の１種である。静岡県内では西部の河川中流から下流域での採集例が多いが、近縁のカワヨシノボリやシマヨシノボリよりは見つけにくい。

全長は７㎝ほどで、５月中旬から７月上旬にかけて繁殖期を迎え、オスの体色は黒さを増し、名前の由来である尾鰭の付け根にある橙色斑が目立つようになる。

この繁殖期に川底を注意深く観察すると、繁殖行動や巣作りの様子が見られる。巣作りはもっぱらオスの仕事で、流れが緩やかな瀬の石の下に作られる。

まず石の下に穴を掘り、砂粒を口にくわえて穴の外に運び出し、穴の入り口付近に盛り上げる。入り口は自分がやっと通れるくらいの狭さで、この砂を積み上げた入り口の「門構え」の形状にかなりこだわっているようである。

巣が完成した後も入り口を補修し、その形状を絶えず整えていることからも、こだわりの強さがうかがえる。巣に侵入しようとする外敵を自分の体で入り口をふさいで阻止する防衛手段なのであろう。

また、「門構え」の出来は「メスの呼び込み」に成功するかどうかにも影響するようである。オスは巣の入り口付近で体を震わせてメスを誘うが、メスは一瞥しただけで去ってしまうことがある。

メスはより安全性の高い巣を選んでいると思われ、巣の入り口とオスの頭部とを見比べて、「オスの身の丈に合った門構えか」をチェックしているのかも知れない。どうやらカップルの成立はメスに選択権があるようである。

メスが呼び込みに応じて巣の中に入ると、卵は石の底面（天井面）に産み付けられる。産卵後、メスは巣から追い出され、オスが巣に残って卵の孵化まで子育てに専念する。オスは卵を外敵に食われないように守るだけでなく、鰭で水流を起こして新鮮な水を卵に送り、卵が孵化するまでまめまめしく働く。

最近、ダムや堰堤（えんてい）などによって土砂の輸送バランスが崩れてきているが、いつまでも門構えの整った巣が作れるようにしてあげたいものである。

（小野田幸生）

㊤繁殖期のトウヨシノボリ♂（左下は巣の入り口に陣取る♂）（滋賀県安曇（あど）川、2008 年および 2003 年 5 月撮影）
㊦水槽に入れたタイルの天井に産卵中のペア（安曇川の個体、左♀、右♂）（2009 年 6 月 9 日、奥田千賀子撮影）

ミズウオ

深海からの情報屋

深海魚のミズウオが駿河湾の水深100～300mの黒潮系水中を北上して、湾奥部の沼津や海底峡谷の迫る三保の海岸に生きた状態で打ち上げられることがある。

この現象は、駿河湾の海底地形と季節風による湧昇流、さらに冬季の海水温が表面から水深300mまで、13～15℃と均一化することに起因する。

駿河湾の海岸に打ち上がるミズウオは体長60～130㎝（この大きさでも未成魚である）で、大きな口と眼、背鰭をもち、体は軟らかく鱗（うろこ）がない。水分が多いので食用としては利用されていない。最大の個体は1949年、アメリカのモンテレー湾岸に打ち上げられた2.08mという記録がある。

現在、ミズウオ科（１属２種）は両極域を除く世界中の海に生息しているが、外部形態がよく似ていることと形質変異が大きいことから種の分類が難しく、これまで太平洋産だけでもシノニム（同種異名）が20以上もあった。十数年前の日本の原色魚類検索図鑑では２種の形態的特徴が混在した図が描かれていた。

ミズウオの食性は大きな口と歯で餌となる生物を捕食するだけでなく、海中に漂う物を何でも丸呑（の）みしてしまう習性がある。

胃の内容物を見ると、魚のほかにイカやタコ、クラゲから、オキアミやサクラエビ、サルパまで、大きさ、色、形、硬さに関係なくさまざまなものを飲み込んでいる。

このようなわけで、学名（*Alepisaurus ferox*）には「鱗のない凶暴なトカゲ」という名が付けられている。

近年、特に目立つことは、胃の中に多様なプラスチックやビニール片などの化学合成樹脂製品の見られる個体が増加したことである。

64年から80年までは62％であったが、2004年には73％になり、最近では90％の個体に人工物が見られるようになってしまった。この意味で、本種は深海の海洋汚染の状況を知らせてくれる有効な魚類であるといえる。

（久保田正）

㊧三保海岸に打ち上げられて間もないミズウオ（体長102㎝）
（2000年3月29日）
㊦ミズウオ（体長120㎝）の胃の中から検出されたフグ、イカ、エビ、サルパ、各種プラスチック片など
（2000年1月22日）
（いずれも佐藤武撮影）

タマシギ

一妻多夫の婚姻習性

田植えが終わって、稲が成長し始める初夏の夜、水田地帯から「コオーコオーコオー」または「ホーンホーン」という独特の鳴き声が聞こえてくることがある。声の主はチドリ目タマシギ科に属するタマシギのメスで、婚姻相手のオスを呼んでいる鳴き声である。

多くの鳥は一夫一妻性だが、タマシギは「一妻多夫」の繁殖習性をもち、鳥類の中では少数派である。全長は25㎝くらいで、メスはオスよりもやや大きく、羽色も地味なオスに比べてはるかに美しい。嘴と足は長く、頸は太くて短い。

繁殖期になるとメスの嘴は赤くなり、独特の鳴き声はオスを引き寄せるためのラブコールで、オスが現れると、メスは翼をぱっと開き、求愛のダンスを披露し始める。カップルができると交尾後、オスが水辺に近い草むらに枯れ草を敷いて作った巣に普通は4個の卵を産む。

もちろん、卵を産むのはメスであるが、巣作りから抱卵、育雛はすべてオスの役目である。この間、メスはどうしているかというと、育雛を手伝うこともなく、別のオスを求めてラブコールを繰り返している。メス同士が縄張り争いで戦うこともある。

なぜこのような習性をもつようになったのかはよくわかっていないが、おそらく数の多いオスに子育てをさせることによって確実に子孫を残す戦略を取ったのであろう。

タマシギはアフリカ、インド、オーストラリア、東南アジアに生息し、日本は分布の北限にあたり、東北南部以南に留鳥として繁殖しているが、一部の個体は冬季に南方へ渡る。

静岡県では伊豆半島を除く平野部の湿地や水田に生息し、夏の繁殖期以外は草丈の低い湿地帯で小さな群れを形成している。夜行性である上に、冬期はほとんど鳴かずに草むらに身を潜めているので、その姿を見ることは難しい。

以前は水田地帯で独特の鳴き声がよく聞こえ、求愛のダンスも見ることができたが、最近ではその鳴き声が聞えてこない。生息していることは確認されているが、数は確実に減少している。その原因は多くの水田が乾田化し、草丈が伸びた放置休耕田が増え、餌となる水生生物も減少してきたことなどによると考えられる。（伴野正志）

㊤静岡市麻機遊水地でメスの世話をする♂（1995年8月27日）
㊦求愛ダンスを披露する♀（1990年5月28日）
（いずれも小池正明撮影）

ハナイグチ

カラマツとだけ共生

秋はキノコ狩りの季節。われわれが食べているのは子実体（しじったい）と呼ばれる部分で、胞子を生産して分散させるための菌糸の集まりである。

キノコは葉緑素をもっていないので、菌糸は樹木に寄生したり、共生するか、または腐生菌のように「森の掃除屋」として、枯れ木や落ち葉などを分解して栄養を摂取している。腐生菌の働きで有機物は無機物にまで分解され、再び樹木に利用される。

共生するキノコは外生菌根菌と呼ばれ、マツやブナ、カバノキなどの樹木の細根に菌根をつくり、光合成産物を得る代わりに土壌からリンや窒素などの養分と水分を吸収して樹木に与えている。

マツ枯れによるマツ林の減少がマツタケを高級食材にしてしまったように、外生菌根菌と宿主である樹木の生育とは互いに密接に関係している。

マツタケは主にアカマツに菌根を形成するが、ハイマツやツガ、コメツガ、アカエゾマツなどとも共生し、一方、宿主のアカマツは 40 種以上のキノコと外生菌根を形成する。

これに対して、カラマツ林の代表的な食用キノコであるハナイグチ（イグチ科ヌメリイグチ属）はカラマツとだけしか菌根を形成できない。

カラマツ林にはほかにシロヌメリイグチ、アミハナイグチ、カラマツベニハナイグチ、カラマツシメジなどが見られるが、いずれもカラマツとしか共生せず、カラマツもこれらの限られた菌とのみ菌根を形成する。

秋に落葉するカラマツの分布は静岡県を南限とし、主に標高 1600m

から 2300m の山岳地帯にのみ見られる。

外生菌根菌は樹木の養水分の吸収を助けるだけでなく、菌糸が細根を覆って乾燥や凍結、病原菌から守っている。さらに、菌糸は樹木の根を土壌中で結びつけており、異種の樹木間でも栄養物質が移動していることが最近明らかにされている。

このように外生菌根菌は森林の健全な生育に深く関わっている。しかし、近年の大気汚染による外生菌根菌の減少はカラマツ林に悪影響を及ぼすのではないかと懸念される。（池ケ谷のり子）

㊧ハナイグチの子実体およびカラマツの落ち葉と若木
㊦ハナイグチの若い子実体
（2007 年 10 月、河村正幸撮影）

ナラタケ

寄生し寄生されるキノコ

富士山の周辺で、「あしなが」と呼ばれ親しまれているナラタケというキノコがある。ほかにも「さわもたし」とか「ぼりぼり」など、多数の地方名がつけられている。

日本だけでなく世界各国で食用にされているが、生で食べると胃腸系の中毒を起こすことがあるので、気をつけなければならない。

これまで形態が少々異なっていても広義のナラタケ（*Armillariella mellea*）として一括されていたが、近年では、狭義のナラタケ（*A. mellea nipponica*）と、キツブナラタケ、ワタゲナラタケ、オニナラタケなどの亜種や種に分類されている。

このキノコは、主に冷温帯地域、静岡県内ではやや標高の高いところのブナやミズナラの広葉樹林に発生し、切り株や倒木といった木材を分解して栄養を摂取している。

ナラタケは、黒色の硬い針金のような根状菌糸束を土壌中や樹皮下に伸ばして広がる。その表面は乾燥や微生物攻撃に耐え、空洞をもつ内部は栄養分、水分、空気を送るのに適した構造になっていて、そのままの状態で長期間生存することができる。

ナラタケは樹木寄生菌として、生きている木の根から侵入して材を腐らせて養分を取ることもある。天然林では、木の陰になった劣勢の木（被圧木）や老齢木を枯らして森林の更新に寄与している。

しかし、植林した若いカラマツやヒノキ、また、果樹園のナシなどを枯死させる「ナラタケ病」を起こす厄介な存在にもなっている。

ところが、このように最強に見えるナラタケを食べる植物もある。ラン科の植物は根に侵入した菌類の菌糸と結合して「ラン型菌根」を形成する。ツチアケビやオニノヤガラなどの葉緑素をもたない「無葉緑ラン」は、ナラタケの菌糸を根の細胞内に取り込み、増殖した菌糸を消化吸収して栄養を取っている。つまり、植物に寄生するナラタケに寄生する植物も、またいるのである。　(池ケ谷のり子)

ナラタケの根状菌糸束（静岡市葵区、2009年9月）

㊧ナラタケの子実体（富士山ろく、2006 年 10 月）
㊨開花時のツチアケビ（森町、2001 年 7 月、いずれも河村正幸撮影）

永久凍土とコケ植物

南極と同じ種類が生育

富士山頂に真夏でも凍っている土があることは昔から知られていた。1939年、中央気象台が山頂に測候所を建てる際にも確認されたが、この永久凍土の科学的な調査はずっと後のことで、国際誌「ネイチャー」（1975年）に報告されたのが初めての研究記載である。

冬の朝に現れる「霜柱（しもばしら）」は地表面近くにできる、いわば一時的な凍土だが、永久凍土は「夏をはさむ２度の冬の期間より長期にわたって、0℃以下の凍結状態を保持した土壌または岩石」をいう。極地域、シベリアやアラスカではよく見られるが、日本列島では富士山のほか、大雪山や北アルプスの一部にあるだけである。

富士山頂の剣ケ峰や白山岳、雷岩などの永久凍土の表面に南極大陸と同じ「黒いコケ」が生育していることを発見したのは1991年のことで、南極越冬観測を終えた２人の研究者であった。

黒っぽく見えるのは、赤褐色のヤノウエノアカゴケと黒紫色のシアノバクテリア（ラン藻）が共存しているためだ。この共存現象は南極では普通に見られる。極地や高山では、植物の成長に必要な土壌中の窒素が極めて少ないため、ラン藻類は空気中の窒素を体内に吸収・蓄積し、枯死後、その窒素を土壌中に放出して次世代に与えている。

富士山頂にはヤノウエノアカゴケ、ギンゴケ、タカネスギゴケなどのコケ類が何カ所かにカーペット状に分布しているが、この生育地はどこも岩盤や大きな岩を囲んだ永久凍土のある場所と一致している。

乾燥する真夏の富士山頂では、永久凍土は少しずつ溶けて岩の割れ目やその周辺に浸み出し、これらのコケ類に水分を供給している。夏期の短い南極でも、永久凍土や雪、氷河が溶けた水がコケ類の群落を成立させている。

標高 3776m の富士山頂は冬の低温、凍結、強風、夏の乾燥など、生物が生きていく上で極端に厳しい環境条件である。この厳しい環境は南極のコケ類と共通の生育条件ともいえるが、なぜ南極と遠く離れた富士山頂に同じ「黒いコケ」が生存しているのか、まだ明確にはわかっていない。（増沢武弘）

富士山頂の永久凍土の周辺にカーペット状に生育する「黒いコケ」群落㊦とその拡大写真㊧（赤褐色がヤノウエノアカゴケ、黒紫色がシアノバクテリア）

クズ

有用植物だが、一方で害草

「秋の七草」のクズ（葛）は万葉の時代から親しまれてきた身近な植物である。つる状の多年草で、長く伸びたつるは10m以上にも達する。円形の大きな葉は互生し、3個の小葉をもつ。秋に紫赤色の花を咲かせ、甘い香りがする。稀(まれ)に薄桃色の花のトキイロクズがあり、珍しがられる。花の後には褐色の荒い毛で覆われたマメ形の実ができる。

クズは昔から花の美しさを愛(め)でるとともに利用価値の高い植物であり、大きな葉は牛馬の飼料として、茎の繊維は葛布(かっぷ)として庶民の重要な衣料であった。また、根に蓄えられたデンプンは葛粉(くずこ)として、和菓子の原料や葛湯(くずゆ)として利用され、甘草(かんぞう)などの薬草を加えた風邪薬、葛根湯(かっこんとう)などにも使われてきた。現在でも葛布は掛川市の、葛粉は奈良県の特産品となっている。

このように昔から生活に密着して利用されてきた一方で、たくましい繁殖力は地面を覆い、木をよじ登り、樹木などの成長を阻害するので、農林業ではクズの成長を抑える「つる切」は重要な作業になっている。

1876年、アメリカ建国100年を記念して開かれた万国博覧会に、観賞用の蔓植物として日本から出品されたクズが着目され、その後、家畜の飼料用として、また、ダム建設などの土砂の流失を防ぐ緑化植物として、主としてフロリダ半島などに大量に輸出されて効果を上げた。そこで、クズを普及するためのお祭りも開かれるようになった。

しかし、やがて逸出して猛烈な勢いで周囲に広がり、畑や林を覆い始め、農作物や樹木を枯らす困った存在となり、グリーン・スネイク（緑の蛇）と呼ばれる嫌われ者になってしまった。現在でも、北アメリカ東南部で分布を拡大し続けている。このことは、外部から生物を導入する場合、よほど慎重でなければならないことを教えている。

クズは、国際自然保護連合が2000年に発表した「生物多様性や人間活動に深刻な影響を及ぼした重要な事例のある生物」の「世界の侵略的外来種ワースト100」にも入っている。（杉野孝雄）

㊦クズの群落＝牧之原市地蔵峠
（2009年11月8日撮影）
㊨クズの花＝小笠山
（2007年9月9日撮影）

ヒガンバナ

540もの「里呼び名」をもつ

秋の彼岸がやって来ると、それを告げるかのように日本の里は真っ赤なヒガンバナで彩られる。「日本植物方言集成」には540もの里呼び名が収録されているが、その中の「ひいひりこっこ」「はっかけばな」「へびばな」「ぽんぽんささき」「すずばな」「かーかんじー」「そうしきばな」などは静岡県下に残る呼び名である。

これほど多くの里呼び名をもつのは、それだけ人々の生活に深くかかわり、注目されてきたということである。しかし、桜や菊などとは違って、ネガティブなかかわりが強いのは、ヒガンバナが有毒植物であるとともに飢饉（ききん）に備えての救荒植物であり、また、寺院や墓地に群生して死を連想させるものであったからである。

昔はこの花を摘んで楽しむ日本人は少なかったが、最近ではこの燃え盛る炎のような派手な花を鑑賞する人が増えている。アメリカ人にはことのほか人気があるようだ。

全くといってよいほど実を結ばないのに、いつの間にか殖えていくのは昔の人にとってさぞ不思議な存在であっただろう。今ではその理由を次のように説明できる。「ヒガンバナは中国固有種である２倍体（２n）のコヒガンバナから生まれた３倍体（３n）の植物なので、実をつけることなく、球根の分裂によってしか増殖できない」。

もともと日本に分布していなかったのに、いつごろ日本に渡ってきたのだろうか。自然分布説のほかにこれまでに三つの人為渡来説、すなわち、縄文時代説、弥生時代説、室町時代説がある。しかし、最近の

DNA研究からヒガンバナは単一クローンの植物であることが分かっているので、中国から持ち込まれて日本各地に広まったのではないかと考えられる。

近年、県下でも深紅の花に混じって退色したり、純白になった異常花を見るようになったが、この現象はイソプロピルアンモニウムなどを含む除草剤の影響であることが実験で確かめられている。

また、異常花とは別に、時々白花の個体を目にするようになったが、これはヒガンバナとショウキラン（黄花）との自然雑種のシロバナヒガンバナや園芸家が交配によって作出した「アルビフローラ」である。

（栗田子郎）

秋の彼岸を告げるヒガンバナ
（菊川市の稲田の畔
2009年9月）

退色したヒガンバナの異常花
（菊川市　2003年9月）

ベニシダ

黒船が持ち帰った植物

ベニシダは植物に関心のある人なら誰でも知っている。県内はもちろん、日本中の市街地から山間部までどこにでも生育している。

しかし、このシダ植物が、幕末に来航した「黒船」に乗船していた研究者ウイリアムスによって下田で採集され、その標本がアメリカ、エール大学のイートンにより 1856 年に初めて世界に紹介されたことは案外知られていない。

下田付近の景観は「黒船」の来航当時とはすっかり変わってしまったが、ベニシダは今でも下田のそこここに生育している。このベニシダは日本から中国にかけて広く分布し、その名前は色々な書物に出てくる。学名（*Dryopteris erythrosora*）の基になった標本が下田産であるのは、県民にとっては何やらうれしいことである。

ベニシダはその和名が示すように、春の芽立ち時には紅色をしていて春を祝うようである。また、学名もラテン語でこのことを示している。しかし、稀（まれ）に包膜が紅色にならないミドリベニシダもある。

常緑性の葉は 30 ～ 100㎝と大きく、２回羽状複葉で、羽片は 10 対前後ある。葉柄には褐色～黒褐色の鱗片が付き、葉裏に付く胞子嚢（のう）を保護する包膜がいつまでも紅色で、葉の緑と包膜の紅との配色が何とも美しい。この美しさからか、お茶室の庭などにもよく植えられている。

このようにいたって普通のシダなのだが、この植物を正確に識別するのは長年植物に親しんできた人でも一筋縄にはいかない。近縁種（例えば、県下ではマルバベニシダ、オオベニシダ、エンジュウベニシダなど）

がたくさんあり、多様性が高い分類群である。

それは、別の前葉体から精子を受け取ることなく、単独で胞子体を形成することができるので、仲間のいない孤立したさまざまな環境に適応できた進化の結果である。種の分類は難しく、研究者によっても同定が異なることがあり、まだまだ疑問の多いシダである。　（中池敏之）

緑色をしたベニシダ（御前崎市）

ベニシダ　早春の若葉は紅色を帯びる（浜松市細江）

（いずれも杉野孝雄撮影）

アカメガシワ

森林の傷跡をふさぐ

春先の新葉が名前の通りに鮮やかな赤い色をしているアカメガシワは、東北地方（宮城・秋田県）以南に分布するトウダイグサ科の落葉広葉樹である。県内では標高800m以下の道路脇や河川敷などに普通に生育している。

新葉が紅色なのは赤い星状毛（1カ所から放射状に広がる毛）が密生しているためで、葉が成長するに従って、この毛はまばらになり、葉の色は緑に変わる。成長過程の葉を指で軽く擦（こす）ると毛が抜け落ちて、緑色の葉が見えてくる。

雌雄異株の樹木であるイチョウやヤマモモなどは果実が実るまで雌雄の判別ができないが、同じ雌雄異株のアカメガシワは花期の時点でも雌雄の判別が容易である。

雄株は梅雨時、枝先に小さな黄色の花を穂状あるいは円錐状に大量につける。この雄花には花びらがなく（萼（がく）はある）、けっして華やかとは言えない花であるが、ほのかに甘い芳香があるので、甲虫類や蜂の仲間がやってくる。一方、雌株も枝先に花柱の先端が３つに裂けた紅色の花をつけるが、雄株に比べて花の数は少なく、地味である。

果実は８月の下旬から９月の末ごろに熟して裂開し、３㎜ほどの光沢のある紫黒色の種子が露出する。あまり目立たない種子であるが、鳥には人気があり、メジロ、コゲラ、キジバト、ムクドリ、ハシブトガラス、キビタキ、サメビタキなどが好んで食べる。

鳥などによって森林内に散布された種子は、発芽条件が整うまでは休眠状態のままで落ち葉や土壌の中に蓄積されている。しかし、台風や人為的伐採などによって、森林が攪乱（かくらん）され、林床に光が差し込むようになると、これらの種子は一斉に発芽し始める。そして、素早く枝葉を茂らせ、見る見るうちに森林を蘇（よみが）えらせる。

このように風倒木地や伐採跡地、また林道脇などの樹林が破壊されたところにいち早く繁茂するため、アカメガシワは森林の傷跡をふさぐ役割をしていると言える。（吉野知明）

アカメガシワの種子をついばむキジバト（2002年9月2日、静岡市小鹿）

土砂崩れ地の転石の間から芽を出したアカメガシワ（2005年4月24日）

ヨコグラノキ

石灰岩地に育つ希少種

牧之原市の萩間小学校に高さ３m 余のヨコグラノキが３本植えられている。４月に芽を吹き、５月に黄色い小さな花を咲かせ、８月には赤い実をつける。紫褐色の枝に葉を各側に２枚ずつ互生しているのが特徴である。牧野富太郎博士によって石灰岩の分布する四国の横倉山で発見、命名された。宮城県白石や神奈川県丹沢など、県内ではほかに伊豆に記録があるに過ぎない希少種である。

ヨコグラノキが故藤江謙二氏によって女神山（帝釈山、111m）山頂で発見されたのは昭和 29 年のことであり、全国的にも珍しい木であることから県の天然記念物に指定された。当時、山頂の神社付近には７本（樹高４～ 12m）が自生していたが、石灰岩の採掘が進み、次々と枯れていく中で、故後藤謙太郎氏は昭和 40 年代に果実を採取して発芽させ、数本の苗木を育てた。

この時、移植された数本は女神山の登り口で立派に育っている。地元小学校の校庭の木もこのときの苗木を自生地の土壌とともに昭和 47 年に移植したものである。山頂の天然記念物の木は枯れてしまい、指定も解除された。現在あるのは地元の「よこぐらの会」が植えたものである。

このようにしてヨコグラノキは残されたが、これらの木から新しい株が生まれてくる気配は全くない。このままではいつかは絶えてしまう恐れもあり、新たな苗を育てようとの試みがなされた。しかし、何度試みてもうまくいかなかった。ようやく成功したのは次のような方法であった。

その一つは、秋に落下した種子は土壌中で冬を過ごすであろうと想定して２カ月間常温で保存。さらに３カ月間 10℃の冷蔵庫で冷やした後、鹿沼土の鉢に蒔き、毎日 30 ～ 35℃の温水を散布した結果、約１カ月で発芽した。

もう一つは果実を食べた小鳥の糞から発芽することを想定して、水を加えた川砂とともに瓶に入れて竹棒でかき回し、果肉をそいで種皮に傷をつけた後、水に沈んだ種子を選んで女神山の土壌の鉢に蒔き、乾燥しない程度に散水した結果、春に発芽した。

しかし、これらの苗木は育ちにくく、大半は枯れてしまった。現在、石灰岩の岩片を入れ、日当たりのよいところで育てた数本が１m ほどに成長している。

（長島　昭）

ヨコグラノキの花㊧㊤（2007 年５月 26 日）と果実㊧㊦（2007 年７月 31 日）
萩間小学校中庭のヨコグラノキ㊤
（2007 年５月７日撮影）

南アルプスのお花畑

カールに育つ群落

南アルプスの赤石山脈には、主峰赤石岳や荒川三山など標高 3000m を超える山々が南北に連なる。ここには氷河がつくった典型的な地形の1つであるカール（圏谷（けんこく））が残されている。特に、荒川三山の南斜面に並ぶ3つのうちの西側のカールはほぼ完全な形状をとどめている。日本におけるこの氷河の痕跡は地質学や地形学、さらに生物学的にも注目すべき場所である。

カールは氷河の浸食によってスプーンでえぐり取られたような凹状の地形をいい、その下方には削り取られた岩砕からなるモレーン（氷堆石（ひょうたいせき））が小丘状に堆積する。また、カール最上部の岩壁は風化によって少しずつ崩落し、真下に大小の岩砕からなる崖錐（がいすい）と、その下方部に浸食・運搬された沖積錐（ちゅうせきすい）が堆積している。

南アルプスにおけるカール最上部の岩壁は稜線につながり、この稜線部には氷河期に北極域から分布を広げた周北極要素の植物が多く分布している。代表種はムカゴトラノオやムカゴユキノシタ、タカネマンテマなどで、現在、ここが分布上の南限として学術上貴重な生育地となっている。

崖錐上には礫（れき）の移動に耐えられるオンタデやイネ科の植物が生育し、堆積した砂礫と土壌の比較的安定した沖積錐上にはキンポウゲ科のシナノキンバイやハクサンイチゲ、ミヤマキンポウゲなどの高山植物が咲き乱れる「お花畑」が成立している。

カールの底は雪解けや降雨によって水がたまることもあり、植物の生育しにくい場所であるが、タテヤマキンバイとイネ科の植物が生育している。さらに、氷河期に形成された安定した環境のモレーン上には樹齢の長いハイマツが群落をつくっている。このように特殊な地形に伴う堆積物の種類や粒度、安定性や保水性などの環境の違いによって、それぞれに対応した植物の分布が見られる。

近年、これらの植物群落にニホンジカが侵入し、植生が変化しはじめている。すでに消えてしまった植物も多く、このまま食害が進めば、南アルプスでは高山植物が見られなくなるかも知れない。

（増沢武弘）

南アルプス荒川岳南面のカールに生育する植物群落
（崖錐上の高山荒原群落と沖積錐上のお花畑）
（2006 年 8 月撮影）

多様な植物相

県内の植物数は日本一

日本列島の維管束植物（シダ植物と種子植物）は約8000種類あるが、その半数が静岡県に分布している。この植物相の豊かさは日本一である。

静岡県は低地の照葉樹林帯から3000m級の高山帯まで、標高差に伴って生ずる多様な植物相の垂直分布が見られる。また、森林、草原、海岸、湖沼、河川などのさまざまな環境に適応した植物の生態分布を見ることができる。照葉樹林にはシイやカシが茂り、草原にはキキョウやオミナエシが咲き、湖沼にはミクリやオニバスなどの水湿生植物が繁茂している。

ところが県内には、全国各地で見られるような生態分布とは異なった日本で最も固有種の多い植物相がある。安倍川付近以東のフォッサマグナ要素と呼ばれている、サンショウバラやアシタカツツジなどで代表される固有種の分布地域である。

これらの固有種は、約300万年前ころに海底から隆起して陸化した地域に侵入した植物がこの地域で隔離され、その後、同じ仲間の植物から種分化（元の種から新しい種に分化すること）したものであると考えられている。このような地理分布は地史と密接に関連している。

さらに、天竜川以西には湿地や蛇紋岩分布地などで分化したシラタマホシクサやシブカワツツジに代表される美濃・三河要素の植物があり、また、天竜川と安倍川付近の間には日本列島が大陸と陸続きであった古い時代の特色を引き継ぐ、コウヤマキやギンバイソウなどが分布するソハヤキ要素の植物もある。

このように静岡県の植物相は安倍川付近と天竜川を境にして、それぞれ異なった固有種をもつ３つの地域に区分することもできる。

これらの植物相に加えて、近年、人や貨物の移動などに伴う外来植物の侵入が目立ち、日本一植物相が豊かな静岡県はさらに多様化しつつある。

（杉野孝雄）

写真は１アシタカツツジ、２サンショウバラ、３シラタマホシクサ、４ギンバイソウ

Column　生物多様性（Species diversity）

生物の体サイズは細菌の数 μ m から象や鯨、樹木など 100m を越えるものまで、また寿命も数秒から数百年までさまざまである。

生物はすべて細胞からできていて、生命現象はこの細胞の普遍性、連続性，多様性で特徴付けられる。38 億年ほど前に誕生した一つの生命が途切れることなく生き続け、進化してきた結果、今日見られるような多様な種が生まれてきた。種は地質学的時間スケールで分化し、進化してきたが、どのような機構で、どのようにして多様化してきたのか？

生物界は 20 世紀の半ばまで、動物界と植物界に二分されていたが、動植物の相違より細菌との相違の方が大きく，現在では、「原核生物」と「真核生物」に分けられ、「五界説」（ホイタッカーおよびマーグリス）が用いられている。

現在、生物進化史上、未曾有の速度で大量の生物種が喪失している。今までに生物多様性の保護を目的として、これまでにラムサール条約、世界遺産条約、ワシントン条約、渡り鳥条約などが作られ、1992 年には遺伝資源を含む生態系までを考慮した「生物多様性条約」が結ばれ、その持続的利用について検討が進められている。　（池谷仙之）

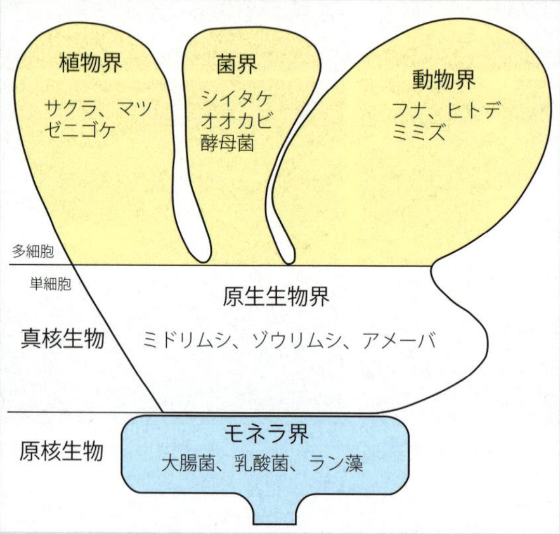

Chapter 04 静岡県で注目すべき動植物

富士山を始め、南アルプスの高山帯、伊豆半島や浜名湖、そして深海の駿河湾など、静岡県は多様な自然を有している。そこに住む生物たちにも、静岡県特産種や、静岡県が分布の北限あるいは南限であるなど、本地域を特徴付ける生物として県の天然記念物に指定されているものも多い。これら特異な分布は氷期や間氷期などの地史的変遷を反映していることが多い。生物の変遷は劇的である。その様子は生物たちの全歴史に現れている。

ハイコモチシダ

郷土を代表する種

ハイコモチシダは別名ジョウレンシダの名前が示すように、伊豆の浄蓮の滝で1917年に故久内清孝東邦大教授によって発見、採集された。その標本を基に翌年、牧野富太郎博士により学名が付けられた。

このシダの群生地は「浄蓮のハイコモチシダ群落」として1964年に静岡県の天然記念物に指定され、今日でも滝の近くに大きな群落をつくっている、静岡県を代表するシダである。

このシダが発表された当時は、浄蓮の滝が世界でただ1カ所の生育地であったが、その後、天城山南麓(ろく)の河津や西伊豆にも生育していることが知られた。しかし、そのほかの地域では九州南部にしか生育が確認されていない。

生育していれば誰でも気づくほど大きく目立つシダなので、紀伊半島や四国でも見つかりそうなものであるが、いまだに発見されていない。誠に不思議な分布を示している。国外では台湾から中国、ヒマラヤにかけて分布しており、最近、アジアの照葉樹林の西限に当たるパキスタンで発見された。

ハイコモチシダは常緑性で、葉は長さ1mを超す。芽立ちが真紅色で、上部の葉軸と羽片の付着点に無性芽がつくのが特徴である。和名の由来はこの無性芽が地面に付いて繁殖することによる。

よく似た種類に県内各地の山地で、陽当たりのよい崖地に垂れ下がって生えるコモチシダがある。コモチシダは葉の表面に小さな無性芽が多数付くのが特徴で、ハイコモチシダとの間に雑種ができる。イズコモチシダの和名で知られるこの雑種は河津町の故佐竹健三氏によって発見され、1964年に故倉田悟東大教授によって発表された。

雑種は双方の親の形質が現れるのが一般的であるが、イズコモチシダは、葉の形はコモチシダに似るものの、葉の表面には無性芽をもたず、葉の葉軸にハイコモチシダの特徴である大きな無性芽を付けている。

このようにシダ植物は雑種をつくることがよくあり、同じ仲間のシダが混在しているところを丹念に捜すと思いがけない発見に出合うことがある。　（中池敏之）

㊧西伊豆町のハイコモチシダ
（2003年10月）

㊦崖から垂れ下がっている浄蓮の滝のハイコモチシダ
（2002年6月、いずれも杉野孝雄撮影）

エンシュウシャクナゲ

世界に誇れる日本固有種

シャクナゲは高地性のツツジ科ツツジ属の常緑低木を総称し、光沢のある濃い緑色の厚い葉と、さまざまな色の豪華な合弁花は花の女王として古来から珍重され、現在ではたくさんの園芸種がある。

この中のエンシュウシャクナゲは、静岡県西部から愛知県東部の標高300～800mの山地で、岩肌が露出する尾根の急斜面に自生している。樹高は1～2mで、5月ごろに径4.5㎝ほどの漏斗状の紅紫色の花を枝先に5～10個まとめてつける。

岩場の日当たりのよい場所を好み、日陰では開花しない。シャクナゲを漢字で石南花（または石楠花）と書き、この生態を表しているように見えるが、実は誤りで、石南花はバラ科植物の漢名である。

エンシュウシャクナゲの発見は明治29年、牧野富太郎博士による東京・小石川植物園の栽培種であった。論文中には「山地ニ普通ニ産スルニ非ラズシテ偶々生ジタル狭葉ノ品」とあり、当時は小石川植物園の栽培種しかなく、原産地も不明であった。そこで、この細い葉のシャクナゲは偶然に生じたものとされ、ホソバシャクナゲの和名でシャクナゲの一品種とされた。

その後、自生地も明らかになり、明治43年にほかのシャクナゲ類とは5中裂の花冠、10本の雄しべ、細い葉と葉柄に褐色の長い枝状毛が綿毛のように密生するなどの相違から新種として記載された。

静岡県の遠州地方や愛知県の三河地方に分布していることから、エンシュウシャクナゲの名も付けられている。白花、八重咲き、花冠が深く裂けるなどの品種がある。

県内では天竜川以西に分布が限られ、浜松市の浦川と龍山に自生する「ホソバシャクナゲ群落」はともに県の天然記念物に指定されている。

県西部には葉が大きく、葉裏に綿毛の少ない京丸伝説に因んだキョウマルシャクナゲも分布しているが、これは別種である。また、南アルプスと富士山にはハクサンシャクナゲ、天城山にはアマギシャクナゲが知られている。

山中に咲く気品ある花のエンシュウシャクナゲは世界に誇れる日本固有種である。　（杉野孝雄）

浜松市浦川に自生するエンシュウシャクナゲ

オニバス

大きな葉は日本一

日本で一番大きな葉をつけるオニバスは1年生の浮葉植物で、水面に浮かぶ円形の葉は大きなものでは直径2ｍに達することもある。葉の表面には皺（しわ）があり、葉裏は紫色で高く隆起した葉脈がある。和名は全体に鋭い刺（とげ）があることに由来する。

オニバスの花は水面上に咲く開放花と水中に咲く閉鎖花とがある。開放花は直径4㎝ほどで紫色の花弁が多数あり、8月下旬から9月上旬の午前10時ごろに開花し、午後2時ごろには閉じる。花は3日ほど開閉を繰り返した後、水中に沈んで結実する。閉鎖花は6月下旬ごろから水中で開花し、自家受粉によって結実する。黒色で球形の種子はパルプ質の仮種皮が水を吸収して膨らみ、水に浮かんで分布を広げ、やがて仮種皮が腐ると水中に沈む。

インドからアジア東部にかけて分布し、日本では宮城県以南の本州、四国、九州に見られる。県内の自生地は20カ所ほど知られていたが、埋め立てや水質汚濁によって減少し、また魚釣りの邪魔になるなどとして人為的に除去され、現在では4カ所ほどになってしまった。

その中で掛川市の中新井池のオニバスは県の天然記念物に指定されている。指定当時はたくさん見られたが、その後、浮葉が出なくなってしまった。復活を願って池の改修工事が行われた結果、水底の堆積土中に残っていた種子の発芽が促進され、わずかずつではあるが浮葉が見られるようになった。県内ではほかに藤枝市の蓮華寺池や静岡市の麻機遊水地で栽培している。

オニバスの増殖は容易で、種子を乾燥しないように水中に保存して越冬させた後に播種すると、水鉢でも開花させることができる。種子は発芽すると、水中葉は針形から矢じり形になり、やがて鉾(ほこ)形となる。４枚目の葉は長楕円形の浮葉になり、その後、円形の葉が出るようになる。

種子は採取した翌年よりも２年目の方が発芽率が高く、また数十年の寿命があるので、永年見られなかった池に突然出現することもある。したがって、浮葉が見られなくても絶滅したとは限らないので、自生していた池はそのまま残しておきたいものである。（杉野孝雄）

20年前には多数見られた掛川市田ケ池のオニバス（1987年9月撮影）

菊川市兼政池のオニバス（1994年9月撮影）

フジタイゲキ

静岡県固有の植物

静岡県固有の植物であるフジタイゲキ（富士大戟）は茎の高さ１～1.5mの多年草で、日当たりのよい草原に生える。この植物は富士山麓(ろく)で1916年に発見され、牧野富太郎博士によって1920年に記載された。フジはこのことに由来し、タイゲキはトウダイグサ科のこの仲間の総称名である。

県内では伊豆の達磨山、東部の愛鷹山や朝霧高原、中部の有度山や高草山などに分布していた過去の記録がある。しかし、それらの場所に今は全く見られない。開発や草原が放置されたことで森林に遷移するなどして、絶滅してしまったのではないかと思われる。

ところが、1996年になって、それまで知られていなかった西部の牧之原に自生していることが発見され、その後、菊川と掛川でも見つけられた。これらの自生地はネザサとススキの草原で、毎年秋になると茶畑の敷き草用に草刈りが行われている場所である。

草刈り場でのフジタイゲキは、春になると周囲の草より一足早く新しい芽が伸び始め、茎は周囲のネザサやススキより常に30～60㎝も抜き出て成長し続ける。そして５月下旬から６月に花期を迎える。

一つ一つの花は小さいが、花序の下の広い菱形の包葉が黄色く色づき、全体が大きな花のように見えるので、遠くからでも目立ち、花粉を媒介する昆虫が集まってくる。花期が終わって７月になると、周囲の草の成長が追いつき、草の中に埋もれてしまう。草刈りをしないでいると、周囲の草に埋もれたまま次第に衰弱して、やがて消滅してしまう。

現在の自生地は、昔から堆肥(たいひ)や家畜の飼料として、また、最近は茶畑に入れる敷き草用に継続的に草刈りが行われてきた場所である。秋に草が刈られることで、翌年、新しい芽が成長し、種子を実らせることができるのである。

フジタイゲキはこのように人と共存するところで、生き延びてきた里山の植物である。掛川市では条例でこの希少な植物の自生地を保護地区に指定し、絶滅しないように草刈りをしながら保護している。

（杉野孝雄）

フジタイゲキの花（2007年5月29日、牧之原）

群生するフジタイゲキ（2007年6月30日、菊川）

アマギカンアオイ

移動は1万年で数km

常緑多年草のカンアオイの仲間は日本に50～60種あり、県内には30種ほどが生育している。各種はそれぞれ狭い範囲に分布し、分布の広がる速度は極めて遅い。

その原因は繁殖の仕方にある。種子は鳥や風によって運ばれるのではなく、熟した種子は果実のすぐ脇にこぼれ落ち、親株と1㎝と離れない場所で発芽する。

つまり、1世代で1㎝ほどしか移動できないのである。しかも、新しい株が花をつけ、実を結ぶまでには5～8年もかかる。最近、この種子を運んで分布を広げるアリがいることも知られている。

富士山麓の溶岩地に生育するカンアオイ類の分布を調べた結果、1万年間の移動距離は数km程度という値が算出されている。いずれにしても分散速度が極めて遅いため、分布域が切断されると、地域ごとに独自の進化をすることになる。

天城山を中心に分布するアマギカンアオイは、極端に短い茎の先に葉を1年に1枚ずつ付ける。葉は長楕円形で基部は心臓形、表面は光沢のある明るい緑色、葉脈は深くくぼみ、長い葉柄は緑色である。花弁のない花（花のように見えるのは萼）は地際に着き、筒状で内面に網目状の隆起した脈があり、先が3枚の裂片に分かれている。

このアマギカンアオイの近縁種に、関東地方南西部に限って分布する葉の光沢が鈍く、葉脈のくぼみが浅く、葉柄が暗紫色であるタマノカンアオイがある。両種は距離的にも離れて分布しているが、1963年に両種の形質を合わせ持ったシモダカンアオイが下田市内で発見された。

伊豆南部の限られた狭い場所に分布し、形態的相違は微妙であるが、葉柄の上半分はアマギカンアオイのように緑色で、下半分はタマノカンアオイのように暗紫色である。

故前川文夫教授（東京大学）は、この３種の関係を「下田に分布していたシモダカンアオイの祖型が長い地史的時間の中で広範囲に分布を広げ、その後、分布域が切断されることによってアマギカンアオイとタマノカンアオイにそれぞれ進化した」と説明している。　（佐藤孝敏）

アマギカンアオイ（天城山で採取、栽培した株、1992年4月11日）

シモダカンアオイ（下田市、1995年4月15日）（いずれも杉野孝雄撮影）

ウラギク

浜名湖畔に唯一群生

海水の流入する浜名湖は、水深が浅く、最深部でも 12m ほどである。その面積 69k㎡に対して、複雑に入り組んだ湖岸線は 100㎞にも及ぶ。この右手を開いたような形状の湖岸には、場所により海水、汽水、淡水の影響を受けた砂浜や湿地が形成され、それぞれの環境に適応した多様な植物が生育している。

春にはハマエンドウ、夏にはハマナデシコ、秋になるとツワブキなどが咲き、また１年中花をつけているハマダイコンやツルナなどが湖畔を彩っている。

海水中にはリュウグウノオトヒメノモトユイノキリハズシ（龍宮の乙姫の元結の切り外し）という最も長い別名をもつアマモが群生し、かつては満潮時に海面下に没してしまう塩水性のシバナ（別名ウミニラ）も生育していた。

汽水域にはウラギクの群生が見られ、また流入河川域にはミクリが生育している。ウラギクは太平洋側の沿岸にのみ分布する草丈 120㎝ほどのキク科の二年草であるが、海岸開発などによる減少が著しく、絶滅危惧（きぐ）種となってしまった。

県内では静岡市の三保や掛川市（旧小笠郡大東町）の海岸にも生育していたが、今では浜名湖畔に群生するだけとなってしまった。

ウラギクは漢字で「浦菊」と書き、浦（入り江）に生える菊を意味する。またハマシオン（浜辺に咲く紫苑）の別名をもつ。汽水域の水底に根を張り、干潮時にはその根元は露出する。また満潮時には茎の上部が海面上に現れる。

茎の下部が太くなっているのは干満時の強い潮流に耐えるためであろう。干潮時に根元付近を観察すると、1年目の根生葉を広げた株を見ることができる。2年目の秋になると直径2.5㎝ほどの淡青紫色の舌状花が開く。

特に秋晴れの水面に映るウラギクの花は風情があるが、浜名湖畔の群生地も年々減少している。快適な人間活動のためにとはいいながら、コンクリートで囲った湖畔は水際のみを生息地とするウラギクの繁殖を脅かしている。私たちもまた啄木のように岸辺でカニと戯れたり、泣く場所すらも失ってしまうのだろうか。　　　　　　　　　　（宮崎一夫）

浜松市北区細江町の浜名湖畔に群生するウラギク（2004年10月17日）

トキワマンサク

自生地の北限と東限

日本に３カ所しか自生していないトキワマンサクは湖西市の神座に群生し、ここでは毎年４月の中旬に「トキワマンサク祭り」が開かれる。

常緑の低木で、花は15㎜ほどの線形をした４枚の花びらがあり、６から８個が集まって付く。白色に近い薄黄色の花が咲く様子を遠くから眺めると霞がたなびいているように見える。

この群生地は国内最大規模で、自生地の北限であり、また東限でもある。学術上極めて貴重な植物であることから県の天然記念物に指定されている。

トキワマンサクの日本での最初の記録（明治38年、牧野富太郎）は、中国から輸入されたランの株に付着していたものであった。長い間、日本には自生していないとされていたが、昭和６年に伊勢神宮前山で自生しているのが発見され、次いで熊本県小岱山で、そして３番目に静岡県で見つかったのは昭和51年で、最初の発表から70年後のことであった。

植物の生態を知る上で重要なことは、その分布域を特定することである。日本の植物分布では、南方系の種子植物は県中部や西部を北・東限とし、シダ植物は伊豆半島を北・東限とする種類が多い。

この違いは両者の繁殖方法によると考えられる。多くの種子植物は種子を周囲に落としながら陸続きに分布を広げるため、静岡県では駿河湾の北部は山地が迫り、東部は浮島沼の湿地が広がっていることが南方系種子植物の北や東への分布の広がりを妨げている。

これに対してシダ植物は胞子によって繁殖するため、地形には左右されずに偏西風に乗った胞子が生育適地である伊豆半島まで運ばれ、繁茂できたと思われる。

また北方系植物では、南アルプスを分布の南限とする種類が多いのはそれより南に標高 2500m 以上の高山がないことによる。このように静岡県は植物分布の限界地として重要な位置を占めている。

湖西市神座のトキワマンサクは、分布の限界地を示す重要な群生地として大切に保護し、いつまでもこの花を眺め、祭りを楽しみたいものである。（杉野孝雄）

㊧薄黄色のトキワマンサクの花
（湖西市神座、2008 年 4 月 16 日）

㊦トキワマンサク林
（湖西市神座、2008 年 4 月 16 日）

ゴテンバザサ

箱根山麓には多種が混生する

温暖な日本の気候はタケノコの成長期を中心に降水量が多く、また火山灰の堆積(たいせき)した酸性土壌はタケ類の生育に最も適した環境といえる。現在、日本列島には亜種、変種、品種を含めて16属約450種類のタケ類が自生している。この中には、全く異なる属や種が奇跡的な状況で自然交雑して生まれた種が多数あることが最近わかってきた。

タケ類はめったに花を咲かせない植物の筆頭にあげられ、60年に一度開花するとも言われ、100年以上も花を付けない種類もたくさんある。仮に60年に一度開花する種類が隣接して生育していたとしても、この２種類が同時に開花するチャンスは3600年に一度となるので、交雑の機会は非常に低い確率である。

およそ3500万年前ごろ、大陸の周辺部であった日本列島には寒冷性のクマザサ属と温暖性のメダケ属が分布し、一部では混生していたようである。その後、日本海が形成され、大陸から離れて島弧となった日本列島は熱帯、亜熱帯、温帯の気候を経て、更新世になると約10万年の周期で繰り返される氷期と間氷期によって、タケ類の分布は南北に移動し、多くの自然交雑種が生まれたと推測される。

箱根山塊は約20万年前に形成された新しい火山群で、多種類のササ類が混生する。中でも1928年に御殿場市で発見されたゴテンバザサは、スズダケ属のスズダケ（北海道から九州までの太平洋側に広く分布）と、クマザサ属のトクガワザサもしくはミヤマクマザサ（箱根山麓(ろく)に多く自生）との属間雑種と思われる。このゴテンバザサは両親の笹よりも葉が細く、晩秋から冬期にかけて葉の縁が白く隈どられる。特に寒冷地の葉の縁どりは美しい。

そのほか、箱根山麓にはメダケ属のハコネダケとクマザサ属のトクガワザサやミヤマクマザサ、スズダケ属のスズダケとの属間雑種と思われるハコネメダケやフジマエザサなどが生育している。これらの笹が両親の笹と混生しているので、植生は非常に複雑となる。しかし、それらの起源を考えると興味がつきない。

（柏木治次）

㊤冬の隈どりが美しいゴテンバザサ（2005 年 2 月、長泉町の富士竹類植物園）
㊦両親のササと混生するササの群落（2009 年 12 月、箱根山麓）

ウミユリ

生きている化石

ウミユリと聞いて、その名前から海に生育するユリ（百合）を想像する人がいるかも知れない。実際、駿河湾北東部の沼津や戸田辺りの漁師は時折､網にからんで上がってくるウミユリのことを「草」と呼んでやっかいもの扱いにしている。

このウミユリは、実は動物なのである。5億年以上にわたって海の中で生き続けてきた「生きている化石」の一つで、ウニやナマコ、ヒトデの仲間の棘皮（きょくひ）動物に分類され、現在では100種ほどが100～9000mの主として深海に生息している。地質時代には大繁栄し、たくさんの化石種が知られている。しかし、古生物学者や動物学者でもこのウミユリの生きている姿を見た人は少ない。

ウミユリは雌雄異体で細長い茎部と「花」のような冠部からなり、茎から出た巻枝を使って海底の岩石に固着または付着して体を支えている。冠部から出た腕をパラボラアンテナのように広げて、付属する管足を使って海中のプランクトンや有機物を濾（こ）し取り、食物として冠部の中央にある口へと運んでいる。

日本列島の周辺海域には多くの種類のウミユリが生息しており、なかでも駿河湾や相模湾は生息水深が最も浅い場所として世界的に有名である。駿河湾奥の大瀬崎と沼津の間の水深140m付近の海底には和名トリノアシと呼ばれる、茎の部分の色や形がニワトリの脚に似たウミユリ類が群生している。

大瀬崎沖は昔から有名なウミユリの産地であったらしく、1900年と

1906年にアメリカの調査船アルバトロス号がこの地で採集した標本がワシントンのスミソニアン自然史博物館に保管されている。

浅海でこれほど多くのウミユリの標本を採取できるところは世界的にも珍しい。この駿河湾や相模湾のトリノアシを用いた研究は、これまで不明であったウミユリの受精や発生の機構、幼生形態などを初めて明らかにし、棘皮動物の進化の解釈に多大な貢献をしている。また、飼育実験によってウミユリが優れた再生能力をもっていることや、消化管の解剖から食性などが明らかにされたのも最近のことである。

（大路樹生）

東京大・生物実験水槽で飼育されている大瀬崎沖で採取されたトリノアシ（水槽の高さは30㎝。茎と腕の接合部分の内部に口と肛門がある。居心地が悪いと時に茎の末端を自ら切り離して他の場所に移動することがある）

シロウリガイ

深海の湧水（オアシス）に集う

生物にとって太陽光の届かない深海底は食物の乏しい環境である。海洋での食物連鎖は表層で光合成を行う植物プランクトンを出発点としており、食物として利用できる有機物のおこぼれが深海底にまでまわってくる間にそのほとんどは消費尽くされてしまう。そのため、深海底の生物は体サイズを小さくしたり、消費エネルギーを節約したりして細々と暮らしているとこれまで考えられてきた。

ところが、1977 年にガラパゴス諸島沖の海底火山でチューブワームやシロウリガイ類などの比較的大型の動物が群れ集うコロニーが発見され、このイメージは覆された。これらの動物は体内に共生するバクテリアを仲介して、海底下から噴出する熱水に含まれるメタンや硫化水素をエネルギー源としている。有機物を食べなくても生きていけるので、腸などの消化器官は退化している。

シロウリガイ類は体長 10㎝以上もある大きな二枚貝で、殻の前半を海底下にもぐらせ、地下からの湧水を殻内部に取り込み、体内に共生させているバクテリアに供給している。発達した足を使って匍匐（ほふく）移動できるため、あちこちにしみ出す不安定な湧水を追って群生することができる。

「深海のオアシス」とでもいうべき湧水環境は海底火山に限らず、日本列島周辺海域のプレートが沈み込む海域では地下深くからメタンに富む水が絞り出されてくる場所がたくさんある。

静岡県の沖合には、このような環境に生息しているシロウリガイ類の群集が実に10カ所以上も発見されている。相模灘にはシロウリガイやシマイシロウリガイ、駿河湾にはスルガシロウリガイやアケビガイ、天竜海底谷にはテンリュウシロウリガイ、ツバサシロウリガイ、竜洋海底谷にはナンカイシロウリガイなどがコロニーを形成し、これだけ多くの種類が同じ海域内に生息している例も珍しい。

このように静岡県を取り巻く海域は、「深海オアシス」の生物の生態や進化を解明する上で世界的に重要なフィールドとなっている。特に熱海市初島沖のコロニーは日本ではじめて発見された湧水性生物群集である。

（延原尊美）

熱海市初島沖のシロウリガイ群集。水深1160m、コロニーは1㎡の範囲に数100個体が密集している。横になっている個体は死殻、生体は海底下に半分もぐって殻の隙間から赤い軟体部をのぞかせている（しんかい2000第587潜航による。提供：独立行政法人海洋研究開発機構、東海大学出版会発行『潜水調査船が観た深海生物』）

キセルガイ

種数は本州で最多

「でんでんむしむし／かたつむり／おまえの目玉はどこにある／ツノだせヤリだせ目玉だせ」とごく身近に親しんでいたマイマイの殻は饅頭［まんじゅう］型をしたものが多い。しかし、キセルガイといって細長い殻を持つものや、殻を持たないナメクジも陸上生活に適応した同じ貝の仲間である。

海から陸に上がった貝の仲間は鰓（ひれ）から肺呼吸に変わり、卵は石灰質の殻に包まれて生み出されるようになった。眼は有柄眼（ゆうへいがん）といって後触角（二対ある触角のうちの後方のツノ）の先端に付いている。水中に棲む貝と違って殻には蓋（ふた）がない。乾燥が苦手な陸貝なのにどうして蓋を放棄してしまったのだろうか。

ところが、キセルガイは殻の内側の一部が舌のように延び、蓋と同じような機能をしている。英語でドア・スネイルといっているのはその特徴をよく表している。また、海の巻貝のほとんどが右巻きであるのに対して、キセルガイはほとんどすべて左巻きである。これもどうしてなのだろうか。まだ解けない謎はたくさんある。

昆虫などと比べて陸貝の移動能力は極めて低いため、地域性が強く、種の分布域も狭い。キセルガイの仲間は特にその傾向が強く、日本列島では 200 近い種に分化している。多様な環境をもつ静岡県には 24 種が生息し、その数は本州で最多である。

県内のキセルガイの移動は富士箱根や南アルプスの山地、大井川や安倍川などの河川が障害となっていて、これらの障壁を境に地域ごとに種類相が異なる。また、伊豆半島には九州や四国などの海岸部に局地的に分布する樹上性の南方系種が３種知られているが、これらは流木などに付着して分布を広げ、海岸部の森林から定着していったと考えられる。

キセルガイは生息環境に極めて敏感な生物であり、少しの環境変化で種の存続が左右されることがある。県内産キセルガイの３分の１が県版レッドデータブックに記載されている理由がそこにある。

（加藤　徹）

静岡県西部と愛知県にしか分布しないホウライジギセル（浜松市天竜区龍山町戸倉産、殻高15㎜、２００６年６月３日撮影）

伊豆半島と九州、四国にしか生息しないハナコギセル（函南町産、殻高８㎜、２００１年11月撮影）

フキバッタ

分布域は極めて狭い

バッタといえば、イネの害虫で佃煮になるイナゴや、ときに大発生するトノサマバッタがよく知られている。また、キチキチキチと音を立てて飛び立つショウリョウバッタもなじみ深い。このバッタの仲間が日本に5科58属119種（14亜種）が分布し、静岡県には4科28属38種（1亜種）が生息している。

ところで、バッタの中には成虫になっても翅（はね）が非常に小さいか全くなく、飛ぶことができないグループがある。フキバッタ亜科がその代表で、日本から11属27種（2亜種）が確認されている（ハネナガフキバッタだけは例外で、翅が長く飛ぶことができる）。静岡県にこの仲間は6種いるが、ヤマトフキバッタ以外は県内に分布境界があるか、あるいは県内にのみ分布している。

県内に分布境界をもつ3種、メスアカフキバッタは本州中部の内陸から太平洋側（県内では東部の黄瀬川を境に富士山以西）に、タンザワフキバッタは伊豆半島から房総半島に、また、ヒメフキバッタは近畿から本州中部の内陸部を中心に、愛知県東三河と静岡県西部の山地部にも分布し、一部紀伊半島に隔離分布する。

県内に固有あるいは準固有の2種はフキバッタの中では最も分布域が狭い。カケガワフキバッタは大井川と天竜川に挟まれた里山地域に分布しているが、開発による生息地の消失・分断に加えて、里地・里山の管理放棄による植生遷移が生息への大きな脅威となっている。県版レッドデータブックでは準絶滅危惧にランクされ、また、掛川市では希少野生動植物種に指定され、粟ケ岳南斜面の一部が保護地区となっている。

テカリダケフキバッタはメスアカフキバッタが高山に取り残されて種分化したと推測され、南アルプス光岳（てかりだけ）周辺のお花畑を主要な生息地とし、極めて狭い地域にのみ分布している。高山地帯で太陽エネルギーを有効に利用するためか、幼虫も成虫も黒味の強い体色が特徴である。

限定された地域に生息しているこれらの種は容易に絶滅してしまう可能性が高く、特にテカリダケフキバッタは近年の急激な温暖化の影響が危惧される。　（石川　均）

カケガワフキバッタ♂（2008年8月撮影、掛川市粟ケ岳）

テカリダケフキバッタ♀（2009年9月撮影、静岡市光岳）

伊豆下田の昆虫

静岡県の昆虫研究事始め

1854年、日米和親条約により開港されたばかりの下田港にロシア船ディアナ号が来航し、停泊中に津波に遭い、大破した船を修理のために戸田港へ回航する途中で沈没してしまった話はあまりにも有名である。

これに乗船していた中国語通訳のロシア人ゴシュケビッチは翌年の春まで、下田に滞在を余儀なくされた。このときに下田近辺で採集したたくさんの昆虫標本はセントペテルブルグの王立科学アカデミー博物館に寄贈され、昆虫学者モチュルスキーやメネトリエによって研究、記載された。

静岡県の昆虫研究の幕開けは、約150年前の下田港の開港とともに来日外国人によって始まったといえる。その後、伊豆天城山などの昆虫類が日本人学者の手で記載されるが、昆虫相が詳しく解明されるのは静岡昆虫同好会の設立（1953年）以降となる。

ゴシュケビッチによって下田で採集され、新種として記載されたものに、シロチョウ科のスジグロシロチョウ、カミキリムシ科のノコギリカミキリやヒメスギカミキリなどがある。

また、ジャノメチョウ科のサトキマダラヒカゲ（里黄斑日陰、学名 *Neope goschkevitschii*）のように種名に彼の名が付けられたり、セセリチョウ科のダイミョウセセリ（学名 *Daimio tethys*）のように属名に「大名」と付けられたりしている。

河原や海岸の砂地に生息するエリザハンミョウ（学名 *Cylindera elisae*）はゴシュケビッチ夫人エリザの名が付けられている。

このように生物の学名にはよく人の名が付いたものがある。その標本を採集した人や関連する研究者に敬意を表して献名されたものである。

モチュルスキーは異国から送られてくる多数の珍しい昆虫に驚喜し、それらを採集したエリザ夫人の功績を讃えて命名したのであろう。

その後、1857年にロシア領事として再来日したゴシュケビッチ夫妻は盛んに昆虫を採集したといわれている。　　　　　　（枝　恵太郎）

㊧エリザハンミョウ（2007年8月、静岡市駿河区下川原、酒井孝明撮影）

㊦腐敗したサツマイモに飛来したサトキマダラヒカゲ（幼虫はササやタケの葉を食べる）（1970年5月、静岡市清水区、高橋真弓撮影）

シズオカオサムシ

越すに越されぬ大井川

ファーブル昆虫記に登場する金色に輝く裏庭の猛獣（キンイロオサムシ）は美麗で、まさに歩く宝石として親しまれている。甲虫目のオサムシ亜目にはハンミョウやマイマイカブリ、ゲンゴロウなどが含まれ、この中でオサムシ科は世界で３万種を超え、日本では 182 属 1241 種が知られている。

オサムシの仲間は後翅（しし）が退化して翔（と）べないものが多く、移動範囲が狭いために集団間の交流が少なく、地理的変異が生じやすい。低地の雑木林から中高山地の広葉樹林、針葉樹林帯に生息し、甲虫類としては比較的大型（20 ～ 30㎜）であるが、地表を歩行しているのでなかなか目につきにくい。成虫は肉食でミミズやカタツムリなどを捕食している。

静岡県内に生息するオサムシはいずれも地味な色彩をしているが、なかでもアオオサムシ種群の分布は興味深い。それぞれの種が県内の大河川を境にして棲（す）み分けているのである。アオオサムシは関東地方から東日本に広く分布しているが、県内では東部から富士川まで、シズオカオサムシは県東部、伊豆箱根、山梨県南部から大井川以東に、カケガワオサムシは大井川と天竜川の間に、テンリュウオサムシは天竜川中流域の水窪周辺から長野県伊那に、そして、ミカワオサムシは天竜川以西に分布している。

どうやらこれらの分布域は大きな川が障害となっているようである。シズオカオサムシにとっての大井川は「越すに越されぬ大井川」なのである。しかしながら最近の調査では、大井川上流域の千頭、寸又峡、薺（そ）

麦粒山などの大井川西岸域でシズオカオサムシが発見され、これまで大井川下流域では川を挟んで生息域が限定されていたのに、上流域では川の西側の地域に生息していることがわかってきた。

その謎については不明であるが、最上流部を迂回して分布を拡げたのかも知れない。これまでの主として形態に頼っていた種分類にミトコンドリアDNAによる新たな研究手法が加わり、それぞれの種の系統や種分化の過程、分布の経移などが明らかにされつつある。

（平井克男）

シズオカオサムシの♀㊧と前脚の附節が太い♂㊨

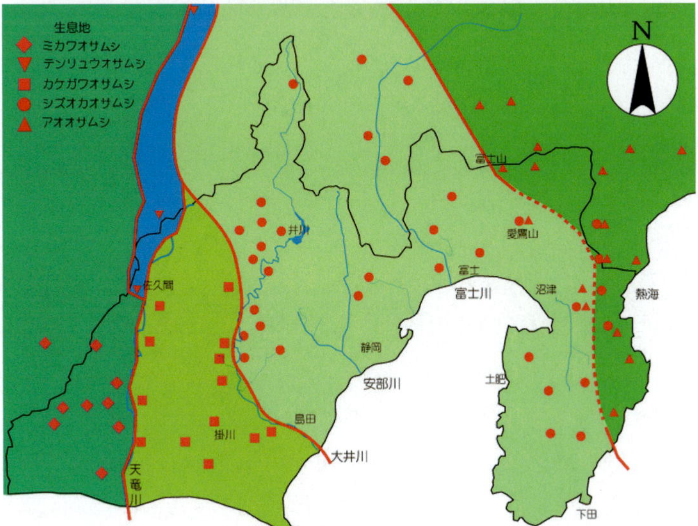

静岡県のアオオサムシ種群の分布
(「東日本のオサムシ」「オサムシを分ける錠と鍵」より改作)

コブヤハズカミキリの仲間

飛べないカミキリムシ

昆虫には移動するための大切な器官として肢(あし)が６本あり、ほとんどの昆虫が４枚の翅をもっている。約４億年前、最初に陸上に進出した植物を追って、次に陸に上がったのは昆虫の祖先であった。そして真っ先に空を飛んだのも昆虫であった。

この長い進化の過程で昆虫の翅の構造はさまざまに特種化していった。原則としてすべての昆虫が空を飛べるが、シミ目などのように始めから翅の全くない種類もいる。また、飛ぶ翅が退化してしまった昆虫として、甲虫目のオサムシが有名である。

日本に 900 種以上いるカミキリムシの中にも飛ぶことができないものがいる。甲虫目は２枚の硬い翅の下に軟らかい２枚の翅をもち、この軟らかい翅で飛んでいるのであるが、ここに紹介するコブヤハズカミキリの仲間は前翅の左右がくっついていて、しかも後翅が退化しているために飛ぶことができない。

前翅（翅鞘もしくは上翅）の上部に黒いコブが２つあり、前翅が矢尻の羽（ヤハズ）に似ているのでコブヤハズと名付けられた。飛べないので移動には肢を使って歩くほかない。従って､移動距離は極めて小さく、各地域に固有の個体群が分化しやすくなる。

静岡県にはタニグチコブヤハズカミキリとフジコブヤハズカミキリ（*Mesechthistatus* 属）、セダカコブヤハズカミキリ（*Parechthistatus* 属）の３種が分布域を多少重複しながら生息している。体長はともに 15 ～ 20 ㎜程度で、いずれも茶褐色あるいは灰褐色をしている。県内の生息地が標高の高い山地のブナ林（落葉広葉樹林帯）であるのも興味深い。

これまでコブヤハズカミキリの仲間の採集は非常に難しかったが、秋期のビーティング法（木の枝を棒で叩き、葉や枝に止まっている昆虫を白い布上に集める採集法）による多数の標本採集が可能となり、最近ではその分布や生態がより詳しく明らかにされつつある。（平井克男）

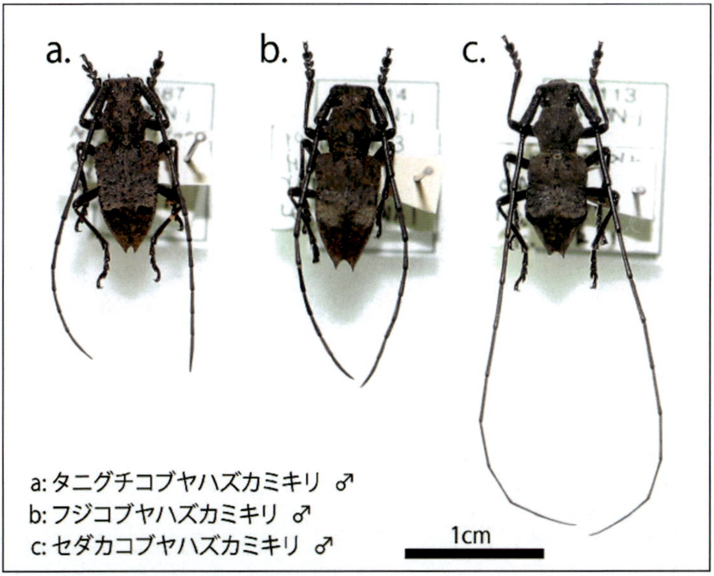

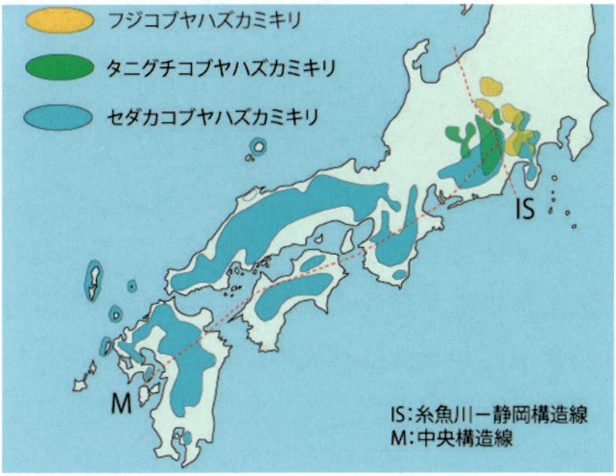

㊤県内に生息する３種
（a ＝ 1978 年 9 月 27 日採集、川根本町の蕎麦粒山・b ＝ 1983 年 9 月 19 日採集、山梨県甲州市の日川林道・c ＝ 1985 年 7 月 17 日採集、静岡市の三ツ峰）

㊧県内にも生息する３種の分布図
（高桑正敏著「カミキリムシの魅力」 築地書館を基に作図）

フジコバネヒナバッタ

氷期の依存種が富士山に生息

富士山にはいわゆる高山性の動植物がほとんど見られない。それは、現在の富士山が誕生したときには、最終氷期はすでに終わっていて、高山性動植物の侵入する機会がなかったことによる。ところが、最近になって、氷期の遺存種と考えられるコバネヒナバッタの仲間（フジコバネヒナバッタ）が富士山に生息していることが確認された。

コバネヒナバッタは氷期に大陸から樺太、北海道を経由して本州に移住し、それぞれの地域で種分化しながら定着したものと考えられている。

現在、亜種のヤマトコバネヒナバッタは関東山地に、アカイシコバネヒナバッタは南アルプスに、ヤツコバネヒナバッタは八ケ岳に、そしてキソコマコバネヒナバッタは中央アルプスにそれぞれ生息している。

これらのバッタは小型で、体長はオスで 14 ～ 17㎜、メスで 20 ～ 25㎜程度である。翅は短く、特に雌の翅は申し訳程度にしか付いていない。

このように飛ぶことができず、跳びはねるだけの高山性のバッタが富士山に生息しているということは、どういうことなのだろうか。

最終氷期の終焉（しゅうえん）は約 1 万 3000 年前であるが、このバッタはそれ以前の氷河期に古富士火山に生息していたと思われる。その後、新富士火山の噴火活動によって多くの高山性生物が姿を消していく中、比較的溶岩流や火山灰の影響の少なかった南西から北西斜面の、わずかに残された荒原植生地を渡り歩きながら今日まで生き残ってきたとしか考えられない。

現在、このフジコバネヒナバッタの生息地は、宝永第一火口から西側のイワスゲなどのカヤツリグサ科の植物がまばらに生える標高 2500m 付近の火山荒原に限られ、生息数も少なく、また富士山の東側には生息していない。

最近では温暖化の影響で、富士山の森林限界が年々上昇している。わずかに残されたこのバッタの生息地も上昇することになり、生息域はますます縮小することになる。フジコバネヒナバッタにとっての新たな厳しい試練が待ち受けている。（石川　均）

富士山宝永第一火口西側の荒原

フジコバネヒナバッタの♀（2008年9月5日撮影）

カワトンボ

形態変異に富む

カワトンボの成虫は緑が次第に色濃くなる5～6月ごろ、低い山地の渓流や小河川に出現する。イトトンボ亜目に属し、その名のとおりに身体は細長く、静止するときに左右の前翅と後翅を背中で重ね合わせる。ゆっくりと優雅に飛び回るが長距離を移動することは少なく、飛び立ってもすぐに草や石の上などに止まってしまう。一生を通じて河川の周辺を離れることなく暮らしているので、特に珍しいトンボではないのにあまり知られていない。

カワトンボは、日本のトンボの中ではほかに例がないほど形態変異に富んでいる。北海道から九州まで広く分布するすべてが同種なのか、それともいくつかの種に分かれているのか、分類をめぐってさまざまな論争があった。翅の色や斑紋などの形態的な特徴によって1種3亜種説、2種説、4種説などが提唱されてきたが、どの説も亜種または種の分布境界が糸魚川静岡構造線や中央構造線などと関係していることが指摘されている。特に静岡県ではこれらの地質の多様性を反映して、カワトンボに顕著な形態変異が見られる。

変異形質の中で最もわかりやすいのは翅の色である。天竜川以西では大型で濃い橙色翅のオスと薄い橙色翅のメスの組み合わせ（旧名オオカワトンボ）Aと、やや小型でオスメスともに無色翅の組み合わせ（旧名ヒウラカワトンボ）Bが棲み分けながら共存している。天竜川以東では、橙色翅と無色翅の二つのタイプのオスと無色翅のメスの組み合わせ（旧名ニシカワトンボ）Cが富士川流域まで分布している。紀伊半島や四国にも見られるが、ほぼ中央構造線の南側に限られる。また、富士山を挟んで狩野川水系や伊豆半島に分布する（旧名ヒガシカワトンボ）Dは同じ組み合わせであるが微妙な形態変異が見られ、長野県や新潟県では糸魚川静岡構造線の東側にだけ分布する。

最近のDNA分析による分類では2種に整理され、天竜川以西の大型種は関東地方以北の旧名ヒガシカワトンボと同種の扱いで「ニホンカワトンボ」に、翅色の変異はさまざまであるが県下に広く分布する小型種は「アサヒナカワトンボ」とされている。伊豆半島や富士山東〜北麓、神奈川県西部に分布するものは両者の中間的な特徴をもち、両種の雑種起源と考えられている。（福井順治）

A＝ニホンカワトンボ（旧名オオカワトンボ、浜松市、♂）
B＝アサヒナカワトンボ（旧名ヒウラカワトンボ、浜松市、♂）
C＝アサヒナカワトンボ（旧名ニシカワトンボ、袋井市、㊨♂、㊧♀）
D＝アサヒナカワトンボ（旧名ヒガシカワトンボ、伊豆市、♂）

ベッコウトンボ

環境保全のモデルとして注目

磐田市はトンボの街として広く知られ、街中にはトンボのマークがあちこちに見られる。駅近くの歩道には、羽に模様のあるトンボの絵のタイルが埋め込まれている。このシンボル的なトンボが磐田市の昆虫として選定された桶ケ谷沼と、その付近にだけ生息しているベッコウトンボである。

中型のトンボで、トンボ科の中でも原始的な種と考えられている。普通、トンボの羽は無色透明で色や模様がないが、ベッコウトンボの羽にはその名の由来となった独特の茶褐色の斑紋がある。

桶ケ谷沼でこのトンボの成虫が見られるのはほぼ4～5月の春に限られ、最盛期の5月上旬ごろにはたくさんの個体が沼の周辺を飛び交っている。

しかし、全国的に見ると、ここは東日本～中部日本に残された唯一の生息地であり、絶滅を食い止める最後の砦(とりで)のような場所となっている。つまり、これまでの記録では、宮城県から九州までの29都府県のうち、静岡県より東の地域では20年以上も生息が確認されていないのである。

東北や関東ではすでに絶滅したと考えられている。静岡県以外の安定した生息地は、山口県と九州のいくつかの県だけである。このように衰退が顕著なため、早くから絶滅危惧種に指定され、さらに種の保存法で採集が禁止されている希少種なのである。

桶ケ谷沼周辺が生息地として残されたのは、周囲の森や草地、汚染の少ない水源、豊かな水草に守られているためである。ここにはベニイトトンボやコバネアオイトトンボなど、多くのトンボ類が生息できる環境が整っている。

20 年ほど前から地元の NPO 団体「桶ケ谷沼を考える会」は毎年 4 月 29 日と 5 月 3 日に観察会を開催し、個体群調査と啓発活動に取り組んでいる。

この地域一帯は、1991 年に県自然環境保全地域に指定されて、土地の確保と県や市の行政、地元地権者、自然保護・生物研究団体などが一体となって環境を守る体制が整えられ、環境保全のモデルとして全国的に注目されている。（福井順治）

(上)枯れ草に静止すると見つけにくくなるベッコウトンボ♂（2003 年 4 月 27 日、磐田市の桶ケ谷沼）

(下)(左)周囲を森に囲まれた桶ケ谷沼（2009 年 4 月 29 日）

(下)(右)増殖用飼育容器を並べて繁殖場所を作り、個体群を維持している（2009 年 4 月 29 日）

ウチワヤンマ

湖の塩水化の指標

日本のトンボ約200種類のうち、半数近くが静岡県に生息する。トンボは細い体で前翅と後翅が同じ大きさの均翅亜目、太めの体で前翅より後翅が幅広い不均翅亜目、両者の中間形のムカシトンボ亜目の３グループに分類される。

ここに紹介するウチワヤンマは不均翅亜目（６科）の中のサナエトンボ科に属す。体長は８㎝と大形で、左右の複眼は離れ、黄色の腹部に黒い斑紋がある。名前の由来となった腹部の第八節がウチワ状に張り出している（「おくるま」と呼ぶ）のが特徴である。

６～８月ごろ、湖や大きな池に浮かぶヨシなどの葉に卵を産みつけ、卵は粘着性のある糸状の膜でつながっているために葉からこぼれ落ちることはない。ヤゴは湖底で成長した後、５～８月ごろの真夜中に水から出て湖岸の石の上に足を固定して羽化し始める。

朝までに羽化を終えて飛び立てるように翅を伸ばすが、ときにうまく脱皮できずに死んでしまう個体もいる。たとえ無事に脱皮できたとしても、この幼虫からトンボに変身する体の柔らかい一時が最も危険なときで、そのために敵の少ない夜中を選んで羽化するのである。６～９月ごろ、湖岸の杭の先端や水面に生える植物の葉先などに止まっている成虫が観察される。

トンボの羽化数は湖岸に残された抜け殻を数えることで知ることができる。佐鳴湖の東岸で調査を始めたが、佐鳴湖は潮汐の影響があるために殻は満潮時には水没してしまう。従って調査は毎朝、雨の日も風の日も天候にかかわらず行われた。その結果、1981年に4282頭も採集できた殻が年々減少し、1999年は419頭、2004年にはついにゼロとなってしまった。

これは、湖水の塩水化によるものと思われる。幸いなことに最近になって湖水の塩分は下がり始め、2006年は24頭、2007年は768頭までに回復してきた。この調子なら、かつて生息していたアオヤンマやマルタンヤンマなども復活してくるかも知れない。今後も佐鳴湖がよみがえっていく姿を期待しつつ観察を続けていきたい。

（細田昭博）

㊤佐鳴湖で採集したウチワヤンマの卵。大きさは約1㎜（2006年6月29日撮影）

㊦佐鳴湖畔の枯れ草の先に止まるウチワヤンマ♂（2005年7月15日撮影）

南アルプスの高山蛾

2年かけて成虫に

南アルプスを代表する高山植物は氷河期の遺存種で、後氷期の温暖化に伴ってその分布は高山帯に徐々に狭められてきた。これらの植物と同様に、高峰に取り残されてしまった蛾(が)の仲間がいる。

日本の蛾は5800種以上知られているが、そのうち高山蛾と呼ばれる種類は70種程度と考えられている。南アルプスは高山植物の南限地域であるとともに、高山蛾の南限でもある。

南アルプスにおける蛾の成虫は7月中旬から8月中旬にかけて、発生がピークに達する。蛾類の生息調査は日没直後から夜半にかけて行われ、水銀灯などに誘引された個体を調べるのだが、標高3000m付近の調査では発電機を背負って行かなければならない。

光源に集まる蛾の飛来数は午後9時から10時ごろに最も多くなり、夜がふけるにしたがって気温が低くなるため、午前0時を過ぎるとほとんど飛来しなくなる。

種類によっては光源に飛来する時間帯が異なり、アルプスギンウワバは日没直後から、またダイセツヤガは午後10時以降に飛来する。しかし、高山植物に訪花するハイマツコヒメハマキやタカネヨトウなどは日中にのみ活動する。

高山蛾の幼虫は風衝地や断崖地に成育するガンコウラン、コケモモ、コマクサ、ハイマツなどを食べる種が確認されているが、気象条件の厳しい高山帯では幼虫の成長も遅く、成虫になるまでに2回越冬する種が多いことが最近の研究で明らかになってきた。

また、成虫は雪田草原に咲く花を吸蜜源としていると思われ、この地域のシカによる食害は蛾の成育にとって脅威である。

日本の高山蛾の多くは北米大陸やユーラシア大陸の高緯度地方まで広く分布しており、種としては共通であるが、地域ごとに個体の特徴が異なり、多くの亜種に分かれている。

南アルプスでこれまでに確認されている高山蛾は24種で、南アルプス固有の種はタカネツトガとアルプスナカジロナミシャクの2種であるが、高山帯で夜間に活動するこれらの蛾類の生態調査は困難を極める。

（枝　恵太郎）

南アルプスを代表する高山蛾

㊤アルプスギンウワバ♂
㊥ダイセツヤガ♂
㊦タカネツトガ♂

（1995年8月19日、千枚岳直下で採集）

ベニヒカゲ

お花畑に舞う高山蝶

南アルプスの８月、亜高山帯のお花畑に黄色系のキオン、マルバダケブキ、タカネコウリンカなどの花が咲き出すと、この花の蜜を求めて高山蝶(ちょう)のベニヒカゲが舞い始める。

羽を開くと、褐色の地に黄色い「８」の字の紋様がある４㎝ほどの小型蝶である。北海道では低い山地にも広く分布しているが、本州では中部山岳地帯を西限とし、断続的に東北地方までの亜高山帯に生息している。

“高山蝶”は一般的に亜高山帯以上に棲(す)む蝶を指し、本州には本種を含めて９種が確認されている。

ベニヒカゲは生息地域によって形態変異（地理的変異）が顕著で、本州では多くの亜種に分けられている。その変異差は本州と北海道ではさらに大きくなる。どうしてこのような現象が生じたのであろうか。

最近のDNA解析に基づく研究によれば、もともと北東アジアに広く分布していた集団が、氷河期の海面低下によって大陸と陸続きとなった日本列島に、サハリン経由で北海道に、また朝鮮半島経由で本州に分布を拡大した。

しかし、間氷期の温暖な気候の下では、より寒冷な高山帯に分断隔離されることによって亜種分化が促進された。そして再び氷期が訪れると、山岳地帯に分断されていた集団は標高の低いところまで再び分布を広げ、それまで孤立していた隣接集団との交雑が復活する。

このように繰り返し起こった第四紀の気候変動を乗り越えながら、現在見られるような地域集団が形成されたと考えられている。

本県では、南アルプスの亜高山帯の草原に断続的に分布し、川根本町の大無間山（だいむげんざん）が南限となる。この生息地は世界の南限でもある。

この南限の産地に近い安倍川流域の山伏（やんぶし）では1990年代以降、山頂付近のササが著しく繁茂したことや森林化の進行によってベニヒカゲの生息環境は激変し、今や危機的状況となっている。

近年の温暖化は高山蝶にとって、これまでにない厳しい環境となっているに違いない。（諏訪哲夫）

大無間山産㊧と南アルプス中央部千枚岳産㊨のベニヒカゲ♂
斑紋や大きさなど地理的変異が顕著である

南限の大無間山では崩壊地の縁のわずかな草地に細々と生息している＝川根本町

アカイシサンショウウオ

赤石山脈で新種発見

ジュラ紀（約2億～1億5000年前）の中ごろに出現したサンショウウオは魚類ではなく、両生類のカエルやイモリの仲間である。両生類は海で誕生した生物が脊椎（せきつい）をもった魚類を経て、陸上に進出して爬（は）虫類に進化する過程で生まれてきた。幼生時の鰓（えら）呼吸は成体になると肺呼吸に変わるが、皮膚は乾燥に弱く、また卵も乾燥に弱いために水から離れて生活することはできない。

オオサンショウウオは世界で3種類しか知られていないが、このうちの1種は日本に生息している。また小型サンショウウオは19種のうち、キタサンショウウオ1種を除いてすべて日本固有種である。どうしてこのように多くの種類がこの狭い日本列島にいるのだろうか。

小型サンショウウオは繁殖様式によって二つのグループに分けられ、一つは池や湧水の流れの緩やかなところに産卵する止水性の種類と、もう一つは渓流の源流部に産卵する流水性の種類である。この系統関係については不明な点が多いが、各種類とも地域固有性が極めて高く、また分布域も非常に狭いことから、氷期に大陸から移住した後、日本列島各地に隔離され、地域ごとに種分化した結果であろう。

特に、流水性種は中国や朝鮮半島に生息していないことから、直接大陸から渡って来たのではなく、日本列島で独自に分化したのではないかと考えられている。

静岡県には流水性のハコネサンショウウオ、ヒダサンショウウオ、アカイシサンショウウオの3種が生息している。2004年に新種として記載されたアカイシサンショウウオは全長12～14㎝で、ヒダサンショウウオよりも小型で紫褐色の背面に黄色の斑点がない。分布は赤石山脈南部のごく一部に限られ、その生息環境から流水性種と推察されるが、詳しい生態については不明な点が多い。

幼生期間は、ハコネサンショウウオが約２年、ヒダサンショウウオが約６カ月～１年で、いずれも源流の渓流中で観察されているが、アカイシサンショウウオは産卵から幼生期間を通じ、変態までを伏流水中で行うという特異な生活史をもつと考えられ、その卵も幼体もいまだに発見されていない。現在、生息地のいくつかは既に失われ、また、道路の建設計画は生息地を破壊しようとしている。絶滅しないことを願うばかりである。（国領康弘）

アカイシサンショウウオの成体（浜松市水窪町、2004年6月24日撮影）

シロウオ

早春の川の風物詩

早春、海に注ぐ河川の河口域では上流を目指して溯上(そじょう)するアユやハゼ類、群がって川底をついばんでいるボラの稚魚を見ることができる。その中で最も早く姿を現すのが全長５㎝ほどのシロウオである。

シロウオは体の中まで透けて見えるほど無色透明なので、魚よりも川底に映る魚影を追った方が探しやすい。この魚を生きたまま食べる「おどり食い」は各地で珍重され、早春の風物詩となっている。サケ科のシラウオとよく間違えられるが、ハゼの仲間である。

アユやハゼ類は生活の場を求めて溯上するが、シロウオの溯上は産卵のためである。オスは海水の影響がなくなる淡水域まで溯上すると、流れの緩やかな砂地で穴を掘り始め、砂粒を口にくわえては吐き出す行動を繰り返しながら、やがてこぶし大の石の下に直径５㎝前後の産卵室をつくる。

この巣が完成するとメスを巣の中に招き入れ、メスが巣に入るとオスはすぐに砂粒で巣の入り口を閉じてしまう。オスメスはこの真っ暗な産卵室の中で何も食べずに、およそ３週間を過ごす。この期間はシロウオの生殖にとって重要な時間となる。

３週間後のメスの体は痩せ細ってしまうが、卵巣内の卵が成熟して腹部だけが異様に肥大する。１年間かけて体に蓄えてきた栄養のほとんどを卵に与えてしまったためである。また、オスの精巣の精母細胞はこの３週間の間に受精可能な精子に成熟する。

産卵し終えたメスはただちに巣を出て、やがて死んでしまうが、オスは授精後も巣にとどまって命が続く限り受精卵に新鮮な水を送り続ける。そして、およそ３週間後に巣の出口を開けて孵化（ふか）を促す。

夜の８時ごろに孵化した仔魚（しぎょ）はすぐに海へ向かって旅立って行くが、役目を終えたオスはそのまま死を迎える。巣立った稚魚たちは沿岸域で成長し、翌年の春に再び産卵のために川に戻ってくる。しかし、サケのように生まれた川に必ず帰るわけではない。

シロウオは静岡県では駿河湾西岸と伊豆半島南部のごく一部の河川に溯上し、産卵することが確認されているが、近年、生息数は全国的に減少し、静岡県でも絶滅危惧種になってしまった。　　　　（秋山信彦）

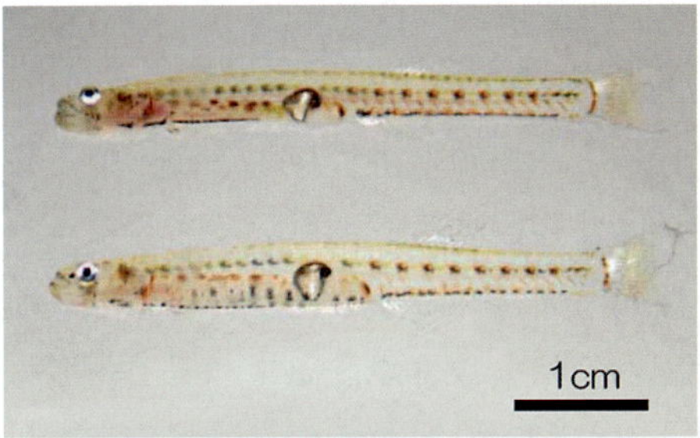

産卵室に入った直後のシロウオの♂㊤と♀
（安倍川産、2007 年 3 月 16 日撮影）

㊦溯上するシロウオの群れ
（興津川河口、2007 年 3 月 17 日撮影）

ナガレミミズハゼ

発見早々、絶滅の危機

ハゼ科に属するミミズハゼは日本と中国から14種が知られている。多くのハゼ類の背鰭（せびれ）は二つあるが、ミミズハゼは一つしかない。全長5～10㎝ほどのミミズのような細長い円筒形の外見が特徴で、皮膚はヌルヌルとした粘液で覆われている。

ミミズハゼ類の多くは海岸や河口などの汽水域に生息するが、中には洞窟や井戸などの地下水、川の伏流水に生息するものもいる。ドウクツミミズハゼ、イドミミズハゼ、ネムリミミズハゼの３種がこれまでに地下水などから知られており、静岡県からはドウクツミミズハゼに類似した１種と、イドミミズハゼに類似した２種（いずれも種名は未確定）が確認されていた。

このうち、イドミミズハゼに類似した新種と思われる１種が1980年に採集されたが、１個体だけで追加標本が得られなかったことから種名を確定するには至らなかった。しかし、2005年になって28個体の標本が得られ、ようやく他種との識別点が明らかになってきた。

保全の必要性から種小名に先立ち、標準和名を付すことになり、昨年、ナガレミミズハゼ（*Luciogobius* sp.）という和名が河川中流域の伏流水の礫（れき）底に生息することに因んで付けられた。

イドミミズハゼは他県にも生息するが、ナガレミミズハゼは今のところ静岡県の安倍川水系に限定されているばかりか、河川の中流域に生息するという特異な生態をもつ。産卵は春に中流域の地下水の湧出する浅い礫質の間隙水中で行われ、多くのハゼ類と同様に、卵が孵化するまでオスが保護し、孵化した稚魚はいったん海に下り、再び河川の中流部まで戻って来るなどの生活史も次第に明らかになってきた。

中流河川の間隙水に局限されるため、河川工事などによって地下水の流れが変化したり、泥が溜まったり、また湧水がなくなるような環境では生きていけない。ようやく長い空白期間を経て発見されたにもかかわらず、すでに生息環境の激変によって絶滅しそうな状況にある。今後、どのようにして保護していくか早急に模索しなければならない。

（金川直幸）

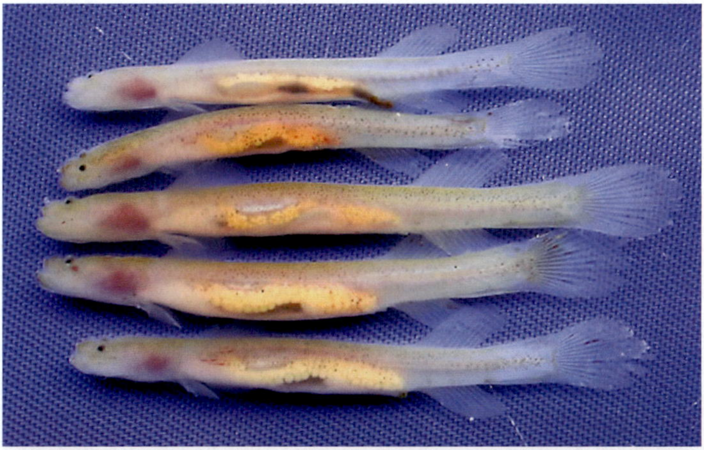

ナガレミミズハゼ（全長30～40㎜、最上段が♂で下段の4尾は♀）＝静岡市の安倍川中流、2005年4月2日採集

生息地の一部（安倍川中流）で行われている河川工事（2009年12月23日）

カワアナゴ類

今上天皇が難題を解決

博物学者として高名な昭和天皇をはじめ、皇室には自然史の研究に熱心な方々が多い。今上天皇は魚類学者として、特にハゼ亜目の研究で内外によく知られている。

この亜目のカワアナゴ科は南方系で、主な分布域は南西諸島以南であるが、日本列島では黒潮の影響の強い太平洋岸の河川に４種（カワアナゴ、チチブモドキ、オカメハゼ、テンジクカワアナゴ）が生息する。４種はともに形態が類似し、円筒形の体と扁平な頭部背面を特徴とする。また、刺激を与えると体色が明色から暗色に変化しやすいので、種の同定が非常に難しい。

この難題を解決されたのが皇太子時代の今上天皇であった。ハゼ類に共通する頭部の感覚器官（感覚器と孔器列）、特に眼下と鰓蓋部の孔器列の微妙に異なる配列に注目して、これらが種ごとに安定した形質であることを見いだされた。

静岡県はカワアナゴ科４種のすべてが分布する北限となっているが、カワアナゴを除く３種が生息する河川は少ない。生態については未知の部分が多いが、いずれも川で生まれて直ちに海に下り、幼時に再び川に戻ってくる「通し回遊魚」であることは確かである。

生息場所は種により多少異なり、カワアナゴとテンジクカワアナゴは淡水域へ深く入り込むのに対して、ほかの２種は汽水域にとどまる。また、いずれも夜行性で、昼間は根石や倒木、水際の植物のかげに潜み、夜間に活動して小魚や底生動物などを捕食する。最も大型になるカワアナゴの 20㎝を超えるような大物が採集されるのは薄暗くなってからが多い。

これまでテンジクカワアナゴの分布の北限は静岡県であり、またオカメハゼも 20 年以上前には牧之原市勝間田川が北限とされていたが、最近の日本列島の温暖化とともにこれらのカワアナゴ類の分布域は北上する傾向にある。これらの 4 種が県下の河川にもっと多く生息するようになれば、生態学的研究も大きく前進するであろう。

（板井隆彦）

テンジクカワアナゴの♀（巴川水系大谷川放水路、1999年11月採捕、飼育後、2004年6月撮影）

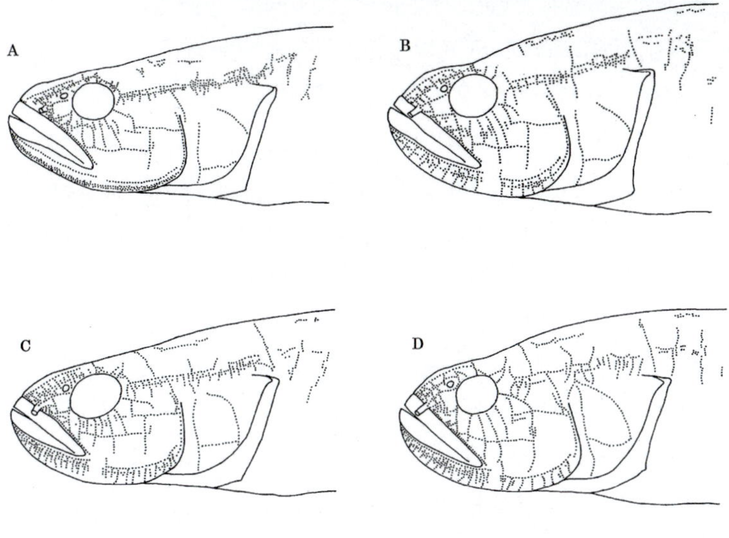

カワアナゴ類4種（Aカワアナゴ、Bチチブモドキ、Cテンジクカワアナゴ、Dオカメハゼ）の頭部孔器列（明仁親王ほか、1984より引用）

“シラス”

後期仔魚期の総称

食卓に上がる海の幸“シラス”は魚であり、しかも稚魚であることは誰もが知っている。しかし、シラスという名の魚はいない。

魚類は卵から仔魚（しぎょ）・稚魚の各発育段階を経て成魚に成長していくが、仔魚期は卵黄を吸収して成長する前期と、動物プランクトンなどを摂食しながら成長する後期に区分される。この後期仔魚期の魚類を総称して“シラス”と呼び、ウルメイワシ、マイワシ、サッパ、ニシン、コノシロ、カタクチイワシ、アユ、イカナゴなどが含まれる。

この時期の体形は細長く、色素の少ない体表は透明に近く、浮遊生活をしている。ウナギはシラス型仔魚期に相当するレプトケパルス幼生（親の形態と異なり、側扁した幅広の葉形をしている）を経て河口域で稚魚に変態するが、例外的に“シラスウナギ”と呼んでいる。

駿河湾で水揚げされる“シラス”の優占種はカタクチイワシであり、その卵（約1.5×0.5㎜）は魚類の中で唯一楕円形の分離浮性卵である。卵は孵化（ふか）する直前に水深約10mまで沈降し、20℃前後の水温で約2日後に孵化仔魚（体長2.5㎜）となって再び浮遊する。その後は1日約1㎜ずつ成長し、浮遊仔魚期（体長4～20㎜）を経て約40日後に稚魚期（体長約40㎜）に達する。

シラス船曳漁で採取される魚種は10目36科67種にも及び、マアナゴやハモのレプトケパルス幼生、オキエソ、マエソ、マハゼ、ミミズハゼ、タテガミギンポなどが含まれ、高温低塩分の夏期にはスズキ亜目やカレイ亜目、ウシノシタ亜目なども混獲される。

駿河湾のシラス漁の最盛期は4～5月および9～10月であるが、漁獲量の年および月変動は黒潮の離・接岸による湾内の黒潮支流と北東の卓越風による沿岸水の動向に左右される。また、夏季の漁獲量の減少は低塩分の河川水の流入や南西風による黒潮支流の離岸にあると考えられる。

ネットによる魚卵と仔稚魚調査で、ろ過海水100t当たりのカタクチイワシ卵が100粒（3月）、1000粒（4月）、1万粒（5月）と増加するような年には約1000tのシラスの漁獲量が見込まれる。

（竹内博治）

㊤シラス漁の操業風景（静岡市の大谷沖、1990年5月26日早朝）

㊦水揚げ直後のシラス（カタクチイワシの仔稚魚）。アジやアユなどの稚魚も混獲されている（用宗漁港、2007年3月22日）

アブラハヤとタカハヤ

複雑な分布域の謎

川の最上流に生息するコイ科の魚はアブラハヤ属のアブラハヤとタカハヤである。両種は形態的によく似ているために混同されやすいが、頭長・尾柄高の比と側線上部横列鱗数とを組み合わせて分類すると、種の同定に間違いが少なくなる。

日本列島では、アブラハヤが東北日本に、タカハヤが西南日本に、その中間の中部地方から近畿・中国地方にかけては両種が生息している。静岡県はこの両種の分布域の東端に位置し、タカハヤの分布東限にあたる。

しかし、分布の境界付近では「分布の乱れ」が生じ、県内でのタカハヤの分布様式は非連続的で、西南日本から富士川付近まではほぼ連続的に分布するのに、富士川を境にそれ以東ではすっかり姿を消してしまう。

ところが伊豆半島では、天城山脈の北斜面までは分布の空白域であったのに、その南斜面や西斜面に再び分布するという奇妙な現象が見られる。これからすると、かつて伊豆半島の南部と駿河湾の西岸地域とが陸続きだったのではないかと考えたくなるが、地史学上そのような事実はない。

アブラハヤとタカハヤが生息する河川では、両種は中流域と上流域に棲(す)み分けている。このような現象は食物などの生活要求が類似している近縁種間でしばしば見られ、サケ科のイワナ（最上流）とアマゴ（上流）などの間でも生じていることが知られている。

多くの河川では上流域にタカハヤが、その下流域にアブラハヤが分布するのだが、天竜川では逆の分布を示す。すなわち、上流部の諏訪湖やその支流を含めた長野県側にアブラハヤのみが生息し、その下流部に当たる静岡県側にアブラハヤとタカハヤが共存しているのである。

種の分布を詳細に調査することによって、両種が大陸から移住して来た経路や棲み分けの過程、そして奇妙な分布の謎が解けるかも知れない。しかしながら、現在、伊豆半島の狩野川に在来とは異なるタカハヤが移殖されるなど、多くの河川で自然分布の撹乱（かくらん）が生じており、これらの解明が一層難しくなっている。

（板井隆彦）

伊豆・河津川産のタカハヤ（秋山信彦・1991 年撮影）

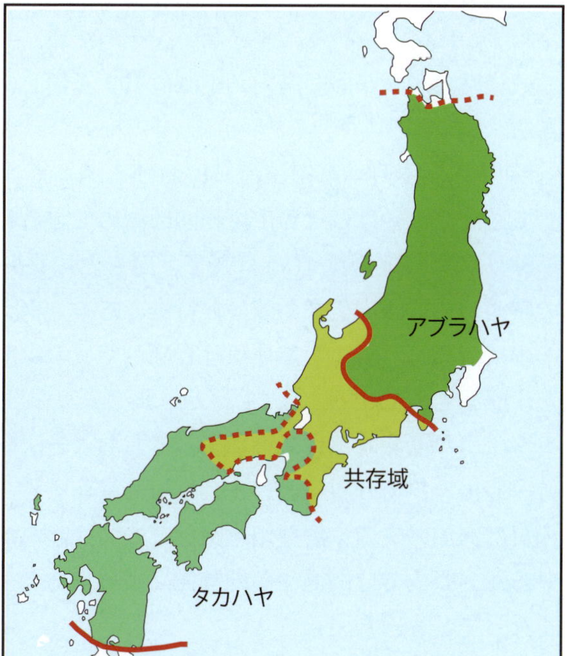

アブラハヤとタカハヤの分布域

ヤリタナゴ

二枚貝の鰓（えら）に産卵

静岡県に見られるタナゴの仲間で天然分布するのは、ヤリタナゴだけである。国内では東北地方から九州にかけて比較的広域に分布しているが、全国的に減少傾向にある。

県内でもかつては天竜川以西に広く分布し、「ニガヒラ」などと呼ばれていたが、多くの既産地で絶滅してしまい、現在では都田川流域にごくわずかに確認されるにすぎない。そのため、県版レッドデータブックでは絶滅の恐れが最も高い「絶滅危惧ⅠＡ類」に指定されているほどである。

2008年11月、都田川流域における調査では、幸いにも数個体を確認できたが、やはりその生息範囲は極めて限られていた。

ヤリタナゴは全長10㎝ほどで、口もとに長いひげが1対あり、オスの臀鰭（しりびれ）の辺縁が赤色であるのが特徴である。タナゴの仲間は二枚貝の鰓（えら）の中に産卵し、孵化した仔魚はしばらく貝の中で生活するという変わった生態をもっている。

タナゴが産卵する貝は種によっておおよそ決まっており、ヤリタナゴは一般にマツカサガイという二枚貝に産卵することが知られている。この貝は河川の支流や農業用水路などの緩やかな流れの砂礫底に生息しているが、県内では開発や農地整備によってそのような環境は極めて少なくなってしまった。

都田川流域では、ヤリタナゴは主に本流に生息しており、春の産卵期になると、マツカサガイが生息する小さな支流や水路に移動することが観察されている。

しかし、近年の河川や水路の整備によって本流と小支流、小支流と水路の間に落差が生じてしまったためにヤリタナゴの生息域は分断されてしまい、マツカサガイのいる場所まで増水時を除いては移動できなくなっている。

現在、緊急避難的に採集した個体をもとに人工繁殖を試み、毎年数百個体を得ることに成功しているが、これはあくまでも非常手段に過ぎない。都田川の流域に残された生息環境を保全するとともに河川工事による生息域の分断を早急に回避しなければ、本県からも遠からず姿を消してしまうだろう。　　（北野　忠）

㊤都田川水系の水路に生息するマツカサガイ
＝２００８年10月撮影
㊧都田川産の個体から人工繁殖したヤリタナゴ♂㊤、♀㊦
＝２００８年１月撮影

トビハゼ

泳ぎの苦手な魚

トビハゼは河口や内湾域に形成された泥質の干潟に生息するハゼ科の魚類である。魚でありながら水中での泳ぎは苦手で、水面上をピョンピョンと飛び跳ねたり、干上がった泥の上を胸鰭を使って歩いたりしている。

また、満潮時には沈水しない岩や杭などにへばりついて潮が引くのを待っている。鰓で呼吸しているが、陸上生活への適応により毛細血管が発達した皮膚からも呼吸できる仕組みをもっている。

トビハゼの成体の大きさは10㎝ほどで、灰褐色の体に不規則な斑紋をもち、丸い頭部の先に眼が大きく突出し、一見カエルに似たかわいらしくもユーモラスな顔つきをしている。食性は動物食で、干潮時に泥上のゴカイ類や小型の甲殻類、稚魚などを捕食している。

現在、東京湾から九州、沖縄本島に分布しているが、静岡県では1960年代に浜名湖での記録があるだけで、その生息情報は40年以上も途絶えていたことから、すでに絶滅してしまったと考えられていた。

しかし、2003年になって遠州灘に注ぐ二つの河川で数個体が相次いで発見、2007年に再確認され、まだ生き残っていることが知られた。かつては遠州灘から駿河湾にかけての河口の干潟にたくさん生息していたと思われる。県西部の古老の漁師の間に「トビッチョ」というトビハゼの地方名が残っていることからも、ごく身近な魚種であったことがうかがえる。

干潟環境の指標種ともいえるトビハゼが急速に減少し、姿を消してしまったのは、都市化の拡大とともに河口近くの干潟地が年々埋め立てられ、生息場所が奪われてしまったことにほかならない。しかし、トビハゼが発見された県内の２河川には、生息数は極めて少なくなってしまったが、まだ多種類の干潟生物が生き残っている。

河口干潟は豊かな生産力と水質浄化機能を併せ持つ場として近年、その価値が見直されている。この干潟環境を保全することはそこを住処（すみか）とする多くの生物を保全することにつながる。これらの環境をぜひ残しておきたいものである。　（北野　忠）

静岡県西部の河口域産トビハゼの幼体（産地の詳細は生息地秘匿のため不記載）＝2003年10月13日撮影

トビハゼが発見された河口干潟（干上がった泥の表面にはカニの巣穴や多くの生物の活動した痕跡が残されている）＝2008年10月5日撮影

ライチョウ

南アルプスが生息の南限

今から約1万8000年前の最終氷期のころ、日本列島の山岳地帯にも氷河が発達し、気温は現在よりも6～7℃低かったと推定されている。

このころ､寒冷気候に適応した多くの生物が日本列島に渡ってきたが、その後の氷河の後退に伴って高山地帯に取り残されてしまった生物がいる。

その代表例がナキウサギやライチョウである（過去の繁栄時に比べて限られた地域に少数個体が細々と生き残っている生物を遺存種と呼んでいる)。

ライチョウは深い雪の中でも寒風吹き付ける吹雪でも生き抜くことができ、日本では年間を通して高山帯で生活している。

現在、世界的には北半球の永久凍土のあるツンドラ地帯やヨーロッパアルプスなどに分布しているが、日本では北アルプス、南アルプス、頸(くびき)城山地（新潟県）のみに生息し、その総数は約3000羽、南アルプスでは約700羽と推定されている。

温暖なこの静岡県にもライチョウが生息していることや、そこが世界の分布南限であることはあまり知られていない。

南アルプスでの繁殖南限はイザルガ岳（標高2540m）付近で、それより北ではハイマツの生育する山岳部に断続的に生息していることが確認されている。

日本のライチョウにとって最近の地球温暖化は最大の脅威であり、もし気温が3℃上昇すると、全ライチョウの80%が絶滅状態となり、南アルプスではたったの35羽しか生き残れないであろうと予測されている。

南アルプス南限地域の生息数は少なく標高も低いことから、温暖化の影響が最も早く現れやすいと思われる。

最近、個体識別のためのマーカーを脚に着けて個体群動態を調査し始めたところであるが、イザルガ岳から続く稜線部の北東約5キロに位置する茶臼岳（標高2604m）付近では、同一個体が同一場所で生活していることが確認された。

現時点では南限地域における個体数の減少や分布域の縮小といった現象は見られないが、温暖化がこのまま進めば、近い将来、日本列島でライチョウを見ることができなくなるかも知れないことを危惧している。

（朝倉俊治）

茶臼岳北、ハイマツ帯のライチョウ。黒い夏羽根が少し残っている
（2007年12月2日撮影）

サンコウチョウ

なかなか見られない「県の鳥」

毎年５月の中旬ごろになると、私の住む日本平の山麓に夏鳥のサンコウチョウ（三光鳥）が渡ってくる。その鳴き声が「ツキ（月）、ヒ（日）、ホシ（星）、ポイ　ポイ　ポイ」と聞こえるところから、この名前が付けられたと言われている。

オスの30㎝もある長い尾とコバルトブルーのアイリングが特徴で、その姿から英名では「パラダイス　フライキャッチャー（極楽ヒタキ）」と呼ばれている。このサンコウチョウは1964年に県民の公募によって「県の鳥」に選定された。

オスが派手な鳥の子育ては、ほとんどメスが行うのが一般的であるが、この鳥はオスも巣作りや抱卵、育雛（すう）に参加する。巣は杉や桧の皮をクモの糸でまとめてコップ状に作られ、その周りをコケでカムフラージュしている。

低山の比較的薄暗い林の中に生息し、林内をヒラヒラとよく飛び回るので、その姿をじっくり観察することは難しい。野鳥の会の会員でさえ、めったに出合えない「あこがれの野鳥」の一つとなっている。よく、「どこに行ったら見られるか」と聞かれることがあり、東京方面からわざわざ静岡まで見に来るバードウオッチャーもいるくらいである。

県内では、西部の浜名湖西岸から中部の由比付近までの比較的標高の低い地域に連続的に分布している。しかし、伊豆半島では標高の低い海岸部に限られ、半島内部では確認されていない。東部では、かつては愛鷹山麓から小山町にかけての富士山麓に比較的高密度に生息が確認されたが、最近は減少傾向が目立っている。

いわゆる里山といわれる環境が主要な生息地であるサンコウチョウの減少は、里山の開発や放置、竹林化などが原因の一つであると考えられる。また、越冬地である東南アジアの森林破壊や捕獲圧も無視できない。

さらに、アオバズクやブッポウソウといった夏鳥の多くも減少の一途をたどっている。

これらの夏鳥は日本で繁殖するので、日本が古里とも言える。毎年サンコウチョウが古里に帰ってこられる生息地の保護が求められている。県民が「県鳥」を見られなくなることのないようにしたいものである。　　　（三宅　隆）

㊤長い尾をもつ♂（2009年6月）

㊦地味な♀（1999年5月）

（いずれも静岡市葵区で飯塚久志撮影）

チチブコウモリ

120年ぶりの再発見

日本産の陸生哺乳類が全体で100種ほどであるのに、コウモリの仲間は37種もいる。このようにネズミやモグラの仲間よりも種数が多いということはあまり知られていない。

この内、静岡県には14種のコウモリが生息しているが、これは県版レッドデータブック（2004年）作成のための調査によって初めて明らかにされたことである。県内のコウモリはそれまで12種とされていたが、この調査によってカグヤコウモリとクロホオヒゲコウモリの2種が発見、追加された。

県内では、ヒナコウモリとチチブコウモリは明治時代の古い記録があるだけで、その後の生息は確認されていなかった。ヒナコウモリが2004年に富士宮市で100年ぶりに再発見されたのを皮切りに、静岡市や焼津市などで相次いで見つかるようになった。また、冬眠中のチチブコウモリが2006年に浜松市水窪町のトンネル内で発見された。

チチブコウモリの名は埼玉県の秩父で最初に発見された（1883年）ことに由来し、額から大きく切れ上がった三角形の耳が悪魔を彷彿させるような何ともいえない奇妙な顔つきをしている。その2頭目は1886年に静岡県の旧豊岡村で見つけられた。

今回の再発見はそれ以来で、なんと120年ぶりのことであった。国内でも確認例は極めて少なく、その生態はほとんど知られておらず、研究者にとっては幻のコウモリである。

さらに最近では、2007年に県下15種目のノレンコウモリが川根本町で繁殖していることが確認された。これまで樹洞性と考えられていた多くの種類が山奥のトンネル内の小さな窪(くぼ)みで冬眠していることなども新たに分かってきた。

さらに2009年にはモリアブラコウモリ、クビワコウモリが発見され、国内有数のコウモリの種類の多い地域となっている。

私たちは地球環境を云々する前に、このような県内の自然に関する基礎データを蓄積することが大切である。それには自然史研究者の育成が急務であるとともに、多くの県民が自然史への関心を深めるための機構や、その拠点となる施設が望まれる。

（三宅　隆）

県内初記録のノレンコウモリ（尾膜に暖簾のような短い毛が生えている）
＝川根本町、2007年12月撮影

トンネル内の窪みで冬眠中のチチブコウモリ
＝川根本町、2008年2月撮影

ホンドオコジョ

人なつこい小さなハンター

イタチ科に属する肉食動物のオコジョは北半球の中北部に生息し、日本では地域的に二つの亜種を形成している。北海道ではエゾオコジョが、本州の東北から中部山岳地帯にかけてはホンドオコジョが分布する。

大きさはオス（全長25㎝くらい、体重100g前後）に対してメス（全長20㎝くらい）の方が小型である。目から鼻にかけての吻（ふん）が短く、丸顔で、耳は丸い。夏毛の腹面は白いが、背面は濃い褐色となり、冬毛は尾の先を除いて全身が真っ白になる。

ネズミやモグラなどの小動物や昆虫を主な餌としているが、小鳥やライチョウのヒナを襲うこともある。あまり人を恐れず、登山者の足元に出て来ることもあり、なじみ深い動物でもある。

静岡県はホンドオコジョの南限で、主として南アルプスの亜高山帯から高山帯に生息するが、富士山でも見られ、また南アルプスの前衛の山伏（やんぶし）や井川県民の森周辺でも観察されている。

県版レッドデータブックの調査では、2001～2002年に南アルプスの山小屋にアンケート用紙を置いて、登山者による情報収集を行った。目撃例は山頂を含む稜線上やガレ場が多く、他には水場や山小屋、避難小屋付近、標高3189mの間ノ岳山頂直下でも目撃されている。

このように目撃情報は多かったが、個体数については推計できなかった。しかし、単独生活し、肉食性で、かつ広い縄張りを持つことから、その生息密度はかなり低いと思われる。まだ不明なことが多く、県版レッドデータブックのランクでは情報不足（DD）となっている。

北海道のエゾオコジョは、外来種のミンクや国内外来種のホンドイタチの侵略により減少が危惧されており、環境省の準絶滅危惧種にランクされている。

イタチの仲間は、県内ではホンドテンとホンドイタチが生息しているが、この在来種のホンドイタチよりも体の大きな外来種のチョウセンイタチがすでに愛知県まで分布を広げてきている。この外来種の侵入を受けると在来のイタチは駆逐されてしまう可能性が高い。どうやって在来種を保護したらよいのか頭の痛い問題である。　　　　（三宅　隆）

㊧夏毛のホンドオコジョ
＝南アルプス茶臼岳直下（2006年8月、栗田健撮影）

㊦冬毛のホンドオコジョ
＝静岡市井川の県民の森（2008年12月、佐藤元一撮影）

Column　地球の温暖化（Global warming）

地球と同じ時期に誕生した金星の大気は96％以上がCO_2、これに対して地球は0.03%しか含まれていない。

成層圏におけるオゾン（O_3）の破壊や酸性雨の増大、合成化学物質による内分泌撹乱物質（環境ホルモン）、放射性汚染、酸性雨、有害科学物質の蓄積などが地球環境にさまざまな影響をもたらしている。

40億年の歴史を持つ地球上にはこれまで1000万種を越える生物が生まれ、滅びていった。地球環境の激変によって、これまでに生物の大量絶滅事件は5回あった。そして「次の6度目の大量絶滅は現在である」といわれている。500万年前に人類が出現したことによって、人間活動に伴う自然は大規模に改変してしまった。

最近20年間で生物種の15％が絶滅しているという統計値がある。毎年何百種もの生物が絶滅している。

温暖化によると思われる生物相の変化も随所で見受けられる。以前は見られなかった南方系の蝶のナガサキアゲハやツマグロヒョウモンは、今では静岡では普通種であり、亜熱帯の植物も生育できるようになってきた。逆に、南アルプス光岳を世界の南限とするライチョウも、温暖化によるハイマツ帯の消失にその生息が左右される。　（池谷仙之）

Chapter 05 変わりゆく生物界

外来生物の侵入、地球温暖化、里山の減少など自然環境の変化、絶滅へと向かう動植物、逆に増えている生物、そして野生動物による農林業被害などなど、生物を取り巻く環境は、刻一刻と変化している。これらの殆どは、人間がもたらしたもので、生物に及ぼす影響は計り知れない。これら生物界の変化は、やがて人類に降りかかってくることを、私たちは自覚しなければならない。

ウメノキゴケ

よみがえった地衣類

駿府城の石垣の表面をよく見ると、白っぽい斑点状の模様が目につく。これは石の模様ではなく、地衣類という生物なのである。20年前にはほとんど見られなかったこの斑点が最近になって目立つようになってきた。

地衣類は一般に「・・ごけ」と呼ばれているが、苔(こけ)類ではなく、カビやキノコなどと同じ菌類の仲間である。菌類は自分で栄養をつくりだすことができないので、他の生物やその遺体から栄養を得ている。しかし、地衣類は体の中に藻類を共生させ、藻類が光合成によってつくった栄養のおすそ分けを受けている、いわば、菌類と藻類との共生体なのである。

普通の植物は土壌のない岩石の上などでは生育できないが、地衣類は光と水分さえあれば石垣のような過酷なところでも生活できる強者(つわもの)であり、日本では数百種ほどが知られている。ところが、この地衣類にも泣き所がある。それは雨水に含まれる微量物質が大気汚染によって変化してきたことである。

日本は1960年代に高度経済成長を迎え、1970年代に公害はピークに達し、大気汚染を引き起こした。当時、汚染の実体を把握するために、応急対策として、「指標生物」による汚染の程度と広がりを推定する試みが環境庁によって行われた。

岩石上に生育する40種ほどの地衣類について、都市部に広く分布するお寺の墓石を対象に調査を行った。その結果、大気中の亜硫酸ガスが0.02ppmを越える地域では、呼吸器疾患者数の増加と地衣類の激減とが相関していることがはっきりと示され、そのなかで大気汚染に弱いウメノキゴケが最も優れた指標生物であることが知られた。

それから30年を経た今日、かつての公害列島の汚名を返上し、都市部の亜硫酸ガス濃度も5分の1以下に減少してきた。ごく最近になって、70年代に調査した同じ都市部で再調査を行ったところ、墓石上のウメノキゴケを含む地衣類が復活しつつあることが確認された。

駿府城の石垣の地衣類も年々その種数と分布範囲を広げつつあり、ウメノキゴケがよみがえる日がやってくることを願っている。

（杉山惠一）

㊧地衣類が全く生えていない大気汚染の強い地域の墓石
（富士市中心部、1970年）

㊦地衣類が繁茂している大気汚染の少ない地域の墓石
（静岡市郊外、1990年）

ユノミネシダ

1974年の七夕豪雨で“消失”

熱帯から亜熱帯に分布するユノミネシダは大形のシダで、1800年にツンベルグ（日本の植物約800種に初めて学名を付けて世界に紹介した。）によって南アフリカの標本に基づいて記載された。

このシダが日本の和歌山県那智勝浦町にも分布することが明治10年（1877年）に知られ、最初はカナヤマシダと呼ばれたが、その後、同県本宮町「湯ノ峰」温泉の源泉近くの川沿いでも発見され、ユノミネシダの和名がつけられた。現地はそれを示す看板と柵で保護されている。

葉の表面は緑色、裏面は灰白色で、葉柄は光沢のある暗紫褐色である。また、葉の縁が裏面に巻き込み、胞子嚢群は裂片の辺縁に沿って長く伸びる特徴がある。

ユノミネシダは伊豆半島に生育するが、県内では希（まれ）な種類である。紀伊半島にも分布することから、県西部にも分布しているのではないかと探索していたところ、1974年1月4日、湖西市白須賀の小川の土手で１株を見つけることができた。

重要な分布記録なので、株を残して３枚の葉を採集し、シダの専門家（志村義雄氏）に標本を送ったところ、まぎれもないユノミネシダであることが確認された。

常緑性のシダであるが北限に近い自生地なので、寒さのため葉はほとんど枯れていた。残しておいた株から新しい葉が出ることを期待していた矢先、1974年７月７日の七夕豪雨（静岡地方気象台観測史上最高の１日508㎜の雨量を記録した）によって、無残にも浜名湖に流されてしまった。発見してからわずか半年で現地から消えてしまったのである。

残念ながら、県西部での新産地はまだ発見されていない。幸いなことに同定のために送った標本は、現在、「静岡県自然学習資料センター」（清水区辻）に保存され、ユノミネシダが県西部に分布していたことの唯一の証拠資料となっている。

希少な植物の絶滅は人為的な開発や園芸採集によるばかりではなく、自然災害も大きな要因になる。このようにいつ失われるかも分からない研究資料を標本として採集し、保存しておくことの重要さを感じている。

（名倉智道）

西伊豆町賀茂に自生するユノミネシダ（2002 年 12 月、杉野孝雄撮影）

カワラノギクとカワラニガナ

河原でしか生きられない

河原に生育する植物にはカワラナデシコ、カワラヨモギなどのように「カワラ」と名のつくものが多い。河原とは、普段は水の流れていない川辺の石や砂におおわれた平地を指し、土壌分が少なく、水もちが悪い。しかも、増水時には水没し、強い水流にさらされ、時には多くのものが押し流されてしまう。このような過酷な環境条件に適応している植物が「カワラ」と名のつく植物たちである。貧栄養下で生育できるこれらの植物は、もちろん、河原以外の環境にも生育している。

ところが、キク科の多年草であるカワラノギクとカワラニガナは「丸石河原固有種」と云われ、河原でしか生きられない植物なのである。これらの種は光をめぐる競争に弱く、安定した環境では他の種に負けてしまい、うまく共存することができない。しかし、河原で、時折おこる洪水は他の種を一掃してくれるので、この競争のなくなった環境下で再び新たな群落を形成できるようになる。秋に薄紫色から白色の花をつけるカワラノギクは関東地方の河川（多摩川など）と安倍川の河原にだけ群生し、河原植生のシンボルとして「絶滅危惧IB類」に指定され、保全が図られている。しかし、近年、安倍川では全く見られなくなり、すでに絶滅してしまった可能性が高い。おそらく治水工事によって洪水による撹乱が減ったためであろう。

一方、カワラニガナは草丈10～30㎝の小形の草本で、初夏から秋にかけて淡黄色の花をつける。県内では安倍川、大井川、天竜川などに分布し、現在は安倍川の上・中流域に大きな群落がいくつか残っているが、下流域では全く見られなくなり、生育地、個体数ともに減少傾向にある。

　このような河原特有の種が急激に減少しているのは、河川改修や砂利採取、河川敷の改変などによって「丸石河原」そのものが減少してきたことに加え、シナダレスズメガヤのような外来植物の侵入による影響も大きいと考えられる。外来植物には攪乱や競争に強いものが多く、河原や道路端などで在来植物の生育を脅かしている。これらの植物の生育環境を注意深くモニタリングすると共に、河原全体の自然環境の保全対策が必要である。　（山下雅幸）

㊨㊦安倍川中流のカワラニガナ
（2006年6月7日撮影）

タカサゴユリ

台湾原産の帰化植物

盛夏の頃から秋にかけて、道路脇の草むらや石垣などの隙間にひときわ目立つ大きな白い百合の花を見かける。この百合は1920年代に台湾から観賞用に持ち込まれたタカサゴユリで、開花には原産地のような強い日差しと高い気温が欠かせない。台湾の気候に似てきた最近の日本列島で野生化し、急速に分布を広げてきたものである。

タカサゴユリは150㎝を超えるほどに成長することもあるが、多くは100㎝ぐらいで、互生する葉は線形で先が尖っている。花は茎の先に1～数個、ときには10個以上つくことがある。果実は長さ5～7㎝、幅2～4㎝で中に多数の種子が入っている。

日本で分布を急速に拡大している理由として、次のようなことが考えられる。まず第一に貧栄養の土壌でも生育できること。次に成長途上で昆虫による食害がなく、ウイルス感染に強いこと。そして自家受粉することである。自家受粉では、遺伝子拡散の機会は少なくなるが、花粉の生産量は少なくてすみ、虫媒や風媒などに頼る必要もなく、確実に受粉して多くの種子を生産できるメリットがある。さらに、発芽から開花までササユリが6～7年かかるのに比べて、1年半という極めて速い成長にある。秋に種子を採ってプランターに播くと、翌1月末には発芽し、次の年の8月までには開花するという速さである。

タカサゴユリで是非とも観察してもらいたいのは開花に伴う「首振り運動」である。最初、硬い蕾みは茎の先端で空に向かってまっすぐ伸びているが、蕾みが4～5㎝に生長すると2日ほどで180°向きを変えて茎に接するまで下を向く。開花が近づくと再び首をもたげ、開花時には茎と120°くらいの角度となる。そして開花後は130°ほどの角度となり、花弁は反転して花筒に着くようになる。落花後はさらに上を向き、やがて硬い蕾みのときのように真上を向いて首振り運動は停止して種子の成熟が進んでいく。

帰化植物のセイタカアワダチソウが日本の秋の風景に溶け込んできたように、タカサゴユリもまた盛夏の日本の風景となりつつあるようである。（名倉智道）

雑草の中でひときわ目立つタカサゴユリ
（袋井市内の東名高速道ののり面、2000年8月、杉野孝雄撮影）

外来アサガオ

農耕地で猛威を振るう

庭先で夜明けと共に花開くアサガオは日本の夏の風物詩である。ところが、近年、外来のアサガオ類（ホシアサガオ、マメアサガオ、マルバアサガオ、アメリカアサガオ、マルバアメリカアサガオ、マルバルコウソウ）が静岡県を含む関東以西の農耕地で猛威を振っている。蔓（つる）を伸ばして絡（から）みついたこれらのアサガオがダイズ畑を覆いつくし、収穫量を大きく減少させるという深刻な問題が発生している。

このような外来のアサガオ類はどのようにして日本にやって来て、どのようにして増えてきたのだろうか。これらのアサガオはもともとアメリカやオーストラリアなどでは家畜の飼料用の穀物を栽培する畑で雑草化していた。この穀物を輸入した際、混入していた種子が日本に定着し、蔓延してしまったと考えられている。そして家畜が飼料とともに食べたアサガオの種子は家畜の体内を通り、排泄（はいせつ）されるが、体内で消化されずに生き残った種子は排泄物とともに農耕地に散布され、はびこってしまったという訳である。

雑草なら、除草剤を散布すれば防除できると思われがちであるが、ダイズ畑に侵入した雑草アサガオの防除は一筋縄にはいかない。その理由の一つは、雑草アサガオの発芽メカニズムにある。水を与えるとすぐに発芽する観賞用アサガオと違って、雑草アサガオの種子は水を通しにくい特殊な構造をしていて、種子によって吸水するタイミングが大きくばらつき、一斉に発芽しないのである。その上、種子の寿命も長く、土の中で何年も生き延びるので、除草剤を散布しても土の中で眠っている種子には効かず、次から次へと発芽してくるのである。

このように猛威を振るい続ける雑草アサガオであるが、現在、新たな防除技術の研究開発が進められている。その一つは畑を火炎放器で焼き払うという方法である。この「火炎除草」によると、土の中に眠っている種子は高温にさらされ、硬い種皮が破られて吸水しやすくなる。その結果、一斉に発芽するようになるので、除草しやすくなる。しかし、外来アサガオによる雑草問題の解決は農耕地への侵入を未然に防ぐ対策の方が先ではないだろうか。　　　　　　　　　　　　（市原　実）

ダイズ畑に侵入したホシアサガオ
（2008年9月22日撮影）

セイタカアワダチソウ

在来種を脅かす繁殖力

秋になると荒地を黄色い花で埋めつくすセイタカアワダチソウは北アメリカ原産の外来植物である。日本に最初に渡来したのは明治年間のことで、花を観賞するのが目的であった。

現在、各地に見られる系統は太平洋戦争後に侵入したもので、九州地方から東に分布を広げ、静岡県内に侵入したのは1960年代の後半になってからである。最初の頃は珍しい植物として庭で栽培する人もいたが、またたく間にはびこり、1970年代末には秋の景観を変えてしまうほどの繁殖ぶりが問題視されるようになってしまった。

セイタカアワダチソウは1本で5万粒以上の種子をつけ、その種子は風に飛ばされて拡散するばかりでなく、養分貯蔵能力の高い地下茎でも繁殖する。しかも、この植物の根が分泌する物質（シス・デヒドロマトリカリアエステル）は他の植物の生育を阻害するアレロパシー（他感作用）があるので、一度、新天地に侵入すると在来の植物を押し退けて大繁殖し、その駆除は難かしくなる。

県内に侵入した外来植物は約850種類にもおよび、そのうちの約750種は外国原産である。多くの外来種は一時的な侵入で終わり、いずれは消滅するが、中には在来種と競合しながら定着する種類もある。特に水辺や里地で繁殖する種類は多い。ある地域の全植物に占める外国産外来植物の割合を「帰化率」と云い、静岡県の帰化率は20％にも達する。市街地でこの率がさらに高くなるのは、開発による荒地の出現が外来植物の侵入を容易にしているからであり、帰化率が市街地化の程度を示す一つの目安ともなっている。

環境省では在来生物に大きな影響を与える恐れのある外国から侵入した外来生物を「特定外来生物」として、植物では12種を指定し、その輸入、栽培、保管、運搬を禁止している。しかし、静岡にはミズヒマワリやナガエツルノゲイトウなど10種類がすでに侵入し、繁茂している。また、セイタカアワダチソウなどの84種は「要注意外来生物」に指定されている。

（杉野孝雄）

たわわに実った種子㊨と開花時のセイタカアワダチソウ㊦（磐田市）

ココポーマアカフジツボ

中南米のパナマから移住

最近、日本列島にはこれまでいなかったフジツボが出現しはじめている。ここに紹介するココポーマアカフジツボ（*Megabalanus coccopoma*）は進化論の著者、C・ダーウインが1854年に命名したフジツボである。中米パナマの太平洋岸にしか知られていなかったが、1980年代から大西洋とインド洋に見られるようになり、ついにオーストラリア東岸および日本沿岸で相次ぎ発見されるようになった。最も新しい外来種である。

多くの海洋無脊椎（せきつい）動物は生活史の初期に浮遊幼生期をもつ。甲殻類であるフジツボ類は雌雄同体で、受精卵は親の殻の中で保育され、ふ化後に海中を泳ぎ、岩などの硬いものに付着する。勿論、人工物の岸壁やブイ、船底にも付着する。船底に“無賃乗車”した幼生は船の移動とともに成熟して新天地に運ばれる。こうして労せずして遥か遠方の地に移住することができるのである。

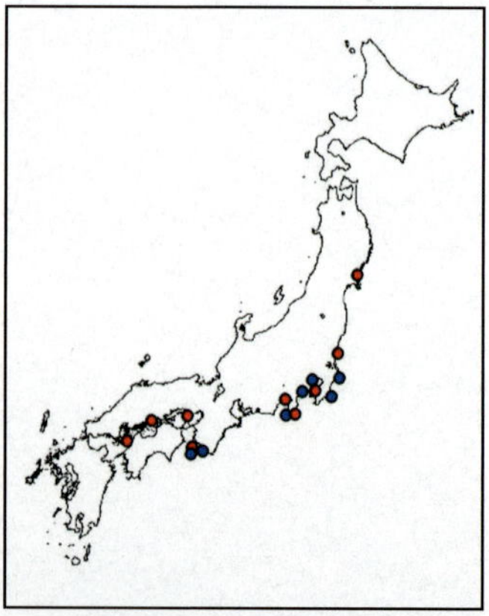

ココポーマアカフジツボの生息が確認された場所（赤丸はブイに、青丸は岩礁に付着）

一般に、地理的に広く分布する集団の遺伝子は地理的に近い集団同士では類似するが、遠隔な集団になるほど大きく異なる。ところが海運の発達によって大型船が頻繁に遠隔地間を往来するようになると、未知の海域に運ばれた集団は先住の集団との間で遺伝的に交雑して急速に地域的特性を失うことになる。

パナマ、ブラジル、オーストラリア、日本産と外国航路の船から採集した標本の遺伝子解析によれば、太平洋を隔てて東西南北に遠く離れた集団にもかかわらず、ミトコンドリアDNAのチトクローム・C・サブユニットⅠ(COI)遺伝子の塩基配列はよく類似し、地域的な違いを示さなかった。

本種は鉄鉱石運搬船の船底に付いて日本に運ばれ、2000年4月に東京湾の川崎市扇島ではじめて確認され、その後、北は宮城県志津川から西は瀬戸内海西部の伊予灘まで分布していることが分かってきた。もともと日本にはアカフジツボとオオアカフジツボという近縁種が生息しているが、今やこの在来種に置き換わってパナマからの外来種がはびこり、固有の生態系を撹乱しはじめている。県内では、すでに伊豆半島、南伊豆町入間(千畳敷)の岩礁や下田市鍋田湾、駿河湾奥の内浦湾のブイに定着している。　　　　　　　　　　　　　　　　(山口寿之)

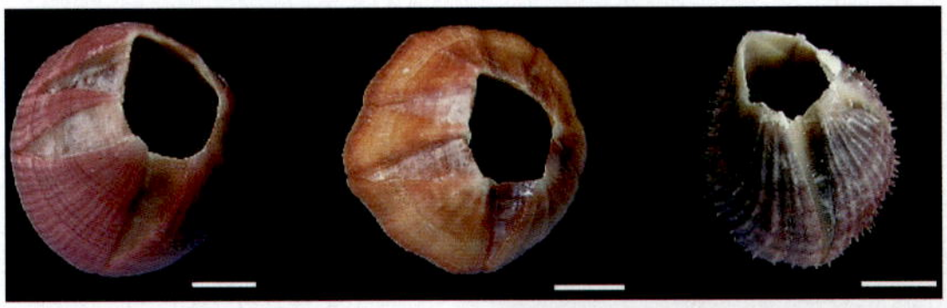

左からココポーマアカフジツボ、アカフジツボ、オオアカフジツボの成体殻(スケールは1㎝)

養殖生け簀に付着したカイメンに埋もれて生育するココポーマアカフジツボ(赤丸)とアカフジツボ(青丸)
(駿河湾の内浦漁港、2009年4月21日、植田育男撮影)

ハッチョウトンボ

世界最小のトンボ

ハッチョウトンボ（*Nannophya pygmaea*）は体長がわずか18㎜ほどの非常に小さいことで注目されるトンボで、国内最小であるばかりか、不均翅亜目では世界最小の部類に入る。

オスは成熟すると鮮やかな赤色となり、拡大された写真で見ると、アカトンボ類やショウジョウトンボに似ている。しかし、体サイズ（オスはメスよりやや大きい）が1円玉ぐらいの大きさなので、野外で見ればほかのトンボ類との区別は容易である。

成虫は5月下旬ごろから羽化しはじめ、10月ごろまで比較的長期間にわたって現れる。多くのトンボ類の未熟個体は生息地を離れ、成熟すると繁殖のため再び生息地に戻ってくる習性があるが、ハッチョウトンボの場合には未熟個体が生息地から離れる距離はわずかであるため、成熟個体も未熟個体もともに生息地周辺の湿生植物などに静止していることが多い。

このような観察例と小さい体であることから、「あまり飛翔しないだろう」という先入観で、移動性が極めて低いといわれてきた。しかし、突然に出現した休耕田や崩壊地にできた浅い湿地に棲み着くことも知られており、意外と移動性は高いと見られる。

和名の由来は江戸時代の本草学者、大河内存真が尾張の「矢田鉄砲場八丁目にのみ発見せられ」と記録したことによるとされる。

国内では鹿児島から青森までの各県に局所的に点々と分布し、また東南アジアの熱帯域にも広く記録されている。生息地は平地から低山地の日当たりのよい湿地や湿原、休耕田などで、常に水が浸み出し、背丈の低い湿生植物が生えている環境を好む。このような条件の湿地や湿原は年々減少しているため、本種も急激に数を減らしている。

静岡県での生息地は、磐田原台地周辺などにごくわずかな記録がある他、ほとんどの記録は天竜川以西の三方原台地周辺に限られている。しかし、これらの地域もすでに開発などによって生息環境が消失し、また草原や低木林へと徐々に遷移しているため、早急に植生の間引きなどによる方策と生息地の保護が必要である。（福井順治）

㊨㊤羽化するハッチョウトンボの♀、ヤゴも８㎜ほどである
（2007年6月17日）

㊧㊤成熟すると全身が鮮やかな赤色となるハッチョウトンボの♂
（2003年6月22日）

㊧㊦黒と茶色のまだら模様の♀
（2003年7月19日）
（いずれも浜松市浜北区で撮影）

オオウラギンヒョウモン

県内で最初の絶滅蝶

静岡県には約140種の蝶が生息している。その中で最初に絶滅したとみられるのがオオウラギンヒョウモンである。この蝶はタテハチョウ科としてはやや大型の種で、翅（はね）の開張はオス（65㎜）よりメス（75㎜）の方がやや大きい。1950年代以前には、北海道を除く日本の山地草原に普通に見られたが、1960年代以後、草原の環境変化とともに全国各地でその姿を消していった。県内最後の記録となったのは1967年の夏に伊豆半島大室山とその周辺で採集された4頭である。静岡県に隣接する各県でもすでにほぼ絶滅したとみられている。

オオウラギンヒョウモンはなぜ静岡県やその周辺から姿を消してしまったのだろうか。この蝶はもともと東アジアの広大な草原、特に幼虫の食草となるスミレの生える背丈の低いシバ型草原に生息している。日本ではかつては到る所に草原が広がり、牛馬の放牧や草刈、火入れがおこなわれ、これらの草原が維持されてきた。ところが、高度経済成長とともに堆肥は化学肥料に、かやぶき屋根は瓦に、牛馬は自動車に変わり、連続した広大な草原は衰退していった。この環境の大変化はこの蝶にとって大きな打撃となったと考えられる。

県下で最後の生息地となった大室山でも、周辺の先原熔岩台地の草原がなくなり、広い行動範囲をもつ母蝶がつぎつぎと生息地を離れて飛散し、周囲から大室山に入る個体がなくなったことが、絶滅を促したのだろう。

朝鮮半島では今でも山間部の村落周辺の草原でその姿が見られ、特に

県内で記録されたオオウラギンヒョウモンの分布（○：1929年の報告地点、●：1947年以降の記録地点）

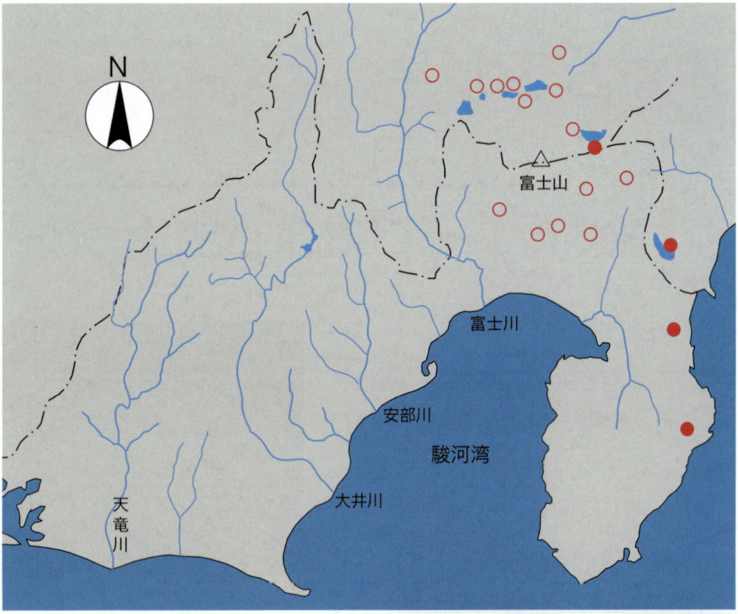

管理された草原の中の墓地は幼虫の食草ばかりではなく、吸蜜源としてアザミ類やオカトラノオ、ウツボグサなどの花が咲き乱れている。

オオウラギンヒョウモン♀
（山口県秋吉台、1988年7月8日撮影）

現在、日本国内でオオウラギンヒョウモンが生息しているのは、大草原の広範囲にわたって草刈りと火入れが行われている秋吉台（山口県）や霧島山麓など九州のいくつかの自衛隊演習場である。自衛隊の存在についてはさまざまな意見はあるが、その演習場の草原管理のあり方がこの蝶の生息を保証しているといえる。火入れと草刈の時期・回数などが蝶の生存を微妙に左右しているようだ。

（高橋真弓）

オオムラサキ

放蝶によって遺伝的撹乱も

クヌギの樹液を吸うオオムラサキ♂
(2008年7月、宇式和輝撮影)

日本の国蝶オオムラサキは、タテハチョウ科の大型種で、紫色に輝くオスの翅は9～10㎝、メスはオスのように輝きがないが10～11㎝とやや大きい。

中国大陸の西部から日本列島にかけて分布し、長野県や山梨県には多く見られるが、静岡県では主に富士川以西の山地に限られ、その個体数は少なく、成虫はめったに見られない。

58年前の7月下旬に旧井川村の川岸で初めて見たこの蝶（オス）を捕り逃がし、その3年後に旧清沢村でコゴメヤナギの枝先にとまったオスを捕えて感激した記憶があるほどである。

オオムラサキは主に里山の雑木林に生息し、母蝶は盛夏にニレ科のエノキ、エゾエノキの葉や小枝に産卵する。孵化(ふか)した幼虫はエノキの葉を食べて育ち、晩秋に緑色から褐色に変色して食樹の根元にたまった落葉の中で越冬する。幼虫は翌春に再び木に登って若葉を食べて6令に成長し、葉裏で蛹(さなぎ)となる。

初夏に羽化した成虫は雑木林の上を滑空しながら力強く飛び、花を訪れることもなく、カブトムシやクワガタムシに混じってクヌギやコナラ、ナギなどの樹液を吸う。特にオスは動物の糞(ふん)や蛇の死骸などに集まる習性がある。

県内では主に南アルプス周辺の雑木林のある深い谷間、特に冬の寒さが厳しく、夏の夜間に冷気が降りて早朝に冷え込むような北側の急斜面に発生する。このように大陸的温度変化の激しい環境を好み、冬が温かく夏の蒸し暑い海岸付近の平野部には棲(す)めない。

最近の温暖化はこの蝶にとっては脅威であろう。富士山麓(ろく)では駿東郡小山町の一部を除いて分布していないのは、食樹を含む広葉樹林が少ないことや、特に低地帯では温暖すぎるためと思われる。また、伊豆半島に分布しない理由は半島の地史の成立とも関係しているようであるが、まだ解明されていない。

ところで、オオムラサキを保護すると称して、もともと分布していないところに他県からの個体（斑紋が地域ごとに少しずつ異なる）を飼育して放す試みがなされることがあるが、実際には無理があり、定着するまでには至っていない。このような試みは在来の個体との間に「遺伝的撹乱(かくらん)を起こすので、安易に行うべきではない。　　　　（高橋真弓）

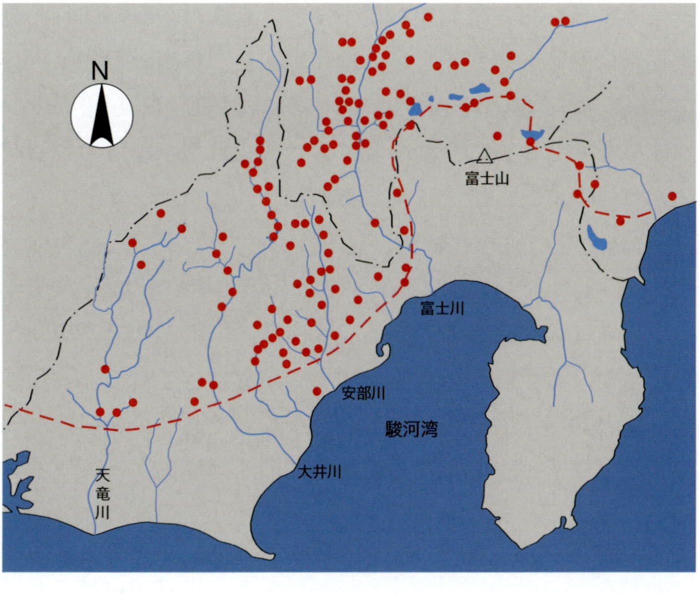

静岡県とその周辺域のオオムラサキの分布

ギフチョウ

春先のはかない命

ギフチョウは小型のアゲハチョウの仲間で、尾部の赤、青、黄色と全体に黒のだんだら模様、この貴賓のある美しさと早春のほんの一時期にしか姿を現さないことから「春の妖精」または「春の女神」と呼ばれている。静岡県では天竜川と富士川の下流域だけに分布し、大井川や富士箱根山麓、伊豆半島には見られない。それは幼虫の食草であるカンアオイの種類とそれらの分布に偏りがあるためである。

ギフチョウはなぜ春にだけ出現するのだろうか。照葉樹からなる常緑広葉樹林の中は一年中暗い。また、落葉広葉樹林も葉の茂る夏は薄暗く、葉の落ちる晩秋から冬は気温が低下する。ところが春の訪れとともに落葉広葉樹林に明るい陽が差し込みはじめると、林内の生物は一斉に活気づいてくる。春に葉を開き花をつけ、夏には休眠してしまうカンアオイやカタクリなどは早春のつかの間に光合成をして１年分の栄養を蓄える。このように春にだけ地上に現れる植物を「スプリング・エフェメラル」（春先のはかない命）という。

３月末から４月に羽化したギフチョウはこのカタクリなどの花の蜜を吸い、カンアオイの葉裏に産卵する。幼虫は黒い毛虫状で、集団で生活し、開いたばかりの柔らかいカンアオイの葉を食べて育ち、葉が硬くなる６月には蛹（さなぎ）となって翌春まで落ち葉の中などで過ごす。このような植物と共存するギフチョウもまた昆虫としてのスプリング・エフェメラルなのである。

ギフチョウが太平洋側の地域でいっせいに姿を消してしまったのは

1970年代の頃からである。それまでの人々の生活は薪や炭、落ち葉を落葉樹林から得て、建材として植林された杉や檜の林にも間伐や枝打ちを施し、林の中には光が十分に届いていた。近代的生活様式の変化は里山の荒廃を招き、放置された暗い林の中ではカンアオイは生育できず、ギフチョウもいなくなってしまった。里山の蝶として親しまれた「春の妖精」は、人の手が加わらなくなって荒廃した里山と運命を共にしてゆくのであろうか。

（清　邦彦）

㊧カンアオイの葉裏の幼虫
（旧芝川町、2005年5月）

㊦ギフチョウの♂
（浜松市天竜区、2007年3月）

アサマシジミ

野焼きが守った草原の蝶

静岡県の蝶相は富士川を境に東西で大きく変わる。西側は南アルプスを中心とした森林性の蝶が多く、東側は富士山麓を中心に草原の蝶が分布している。富士山西麓の朝霧高原は、かつて遠っ原三里と呼ばれた時代には広い草原が発達し、草刈りや野焼き、自然の中での牛馬の放牧が行われていた。しかし、今ではすっかり人工的な牧草地になってしまった。

アサマシジミはススキよりも背の低い草原地帯に生息する蝶である。住宅地でもよく見かけるヤマトシジミよりも一回り大きく、オスは黒ずんだ深みのある青色であるが、メスはオレンジ色の紋のある黒褐色をしている。この蝶は中部日本の火山地帯を中心に分布するが、静岡県では朝霧高原のみに生息していた。成虫は６～７月に見られ、卵の状態で翌春まで過ごし、春に孵化した幼虫はナンテンハギの葉を食べて育つ。幼虫の背中から出る蜜をなめるアリがよく付き添い、このアリが外敵から幼虫を守るという共生関係ができあがっている。

幼虫の食草であるナンテンハギは背丈が低いので、ススキなどの背の高い草に覆われると絶えてしまう。アサマシジミが生息していた環境は小高い溶岩上の草木が育ちにくい所や、牛馬が放牧されたり、草刈り、野焼きが行われていた所に限られていた。このような背の低い草地に生息する蝶の仲間は他にヒメシジミやゴマシジミ、ヒョウモンチョウ、チャマダラセセリなどがいる。これらの蝶は氷河時代に草原の発達していた日本列島に大陸からやってきて棲み着き、暖かくなった今の時代まで滅びることなく残されてきたものたちである。それは放牧、草刈り、野焼きといった人々の適度な自然への干渉によって良好な草原が保たれてきたためである。生物を絶滅に追い込むのは開発行為だけと思われがちだが、実は、人が自然に手を加えなくなったことによる草地の減少や森林化も環境破壊なのである。アサマシジミは静岡県をはじめ、全国で絶滅の危機にある。ここ数年、県内でその姿を確認できないのは悲しいことである

（清　邦彦）

アサマシジミの♂

アサマシジミの♀
いずれも2007年7月、山梨県内で撮影

クロマダラソテツシジミ

県内では“新顔”の蝶

北上する南方系の新顔の蝶（ナガサキアゲハなど）に加えて、また一つの新顔が静岡県で採集されるようになった。あまり聞きなれない名のクロマダラソテツシジミである。

翅の裏面は灰色の地に黒色の紋と白く縁どられた黒い波形、さらに後翅（こうし）に橙色の紋様があるのが特徴で、黒い斑（まだら）のソテツの葉を食べるシジミチョウというのが名前の由来である。食害はもっぱらソテツの新芽や新葉であるが、海外ではマメ科（８種）やミカン科（１種）への食害も記録されている。

もともとは東南アジアの熱帯、亜熱帯に生息し、1992年に沖縄本島で初めて発見されて以来、2007年に南九州と近畿地方で確認され、2008年に香川、広島、三重、愛知県に広がり、2009年には東京都、続いて静岡、神奈川、千葉県で見られるようになった。

県内では、昨年の９月11日に磐田市、12日に伊東市、その後、袋井市、浜松市に分布を広げているが、不思議なことに伊豆半島では伊東市だけで、県中部のソテツのあるお寺や公園などにはまだ出現していない。

この蝶は小さな体のわりに、成虫の飛翔移動能力が高く、また成育期間が短く、温暖な地域では夏季に産卵から羽化まで12日という最短記録がある。このように２～３週間で一世代が交代するため、夏から秋にかけて個体数を急激に増やし、広範囲に分布を広げることができる。

もとは南方系の種なので、明確な越冬態（寒い冬をやり過ごす体制）がない。普通、日本列島に生息する蝶は、寒い冬期に卵、幼虫、蛹、成虫のいずれかの段階で活動あるいは成長を一時ストップする。

ナガサキアゲハは冬を蛹で越すので静岡県に定着できたが、クロマダラソテツシジミは宮崎県で越冬した蛹が羽化した観察例があるだけで、南九州以南を除いて日本本土では蛹でも越冬できない。そのため、成虫の移動能力の高さにものを言わせて、毎年、中国南部や台湾、南西諸島あたりから海を越えて飛来すると考えられている。

自然の摂理とはいえ、地球の温暖化に伴って南方系の蝶の新顔がつぎつぎと現れるのはそれなりに楽しみではあるが、その半面、北方系あるいは草原性の蝶が衰退していくのは寂しい。　　　　（鈴木英文）

ソテツの葉に静止するクロマダラソテツシジミ♂（磐田市駒場、2009年9月24日撮影）

左が♂、右は♀（静岡県自然学習資料保存室標本、磐田市駒場産、2009年9月24日採集）

ウスバシロチョウ

富士山麓に侵入

ヨーロッパアルプスのアポロチョウは、白地の翅に太陽のように赤い紋をもつところからギリシャ神話の太陽神アポロンの名がつけられている。原始的なアゲハチョウ科に属するこの仲間はユーラシア大陸を中心に多くの種類に分化し、日本にも３種類が生息している。静岡県に分布しているウスバシロチョウは、赤い紋はないが、白一色の半透明で、初夏の日差しを受けてゆるやかに滑空する姿は白い妖精のようである。５月に幼虫の食草となるムラサキケマンという植物の近くの枯れ枝などに産卵し、翌年の春にふ化した幼虫はムラサキケマンの葉を食べて育ち、さなぎになって５月に成虫になる。

県内のウスバシロチョウの分布は限られていて、かつては安倍川や大井川の山間部の茶畑などによく見られ、富士山麓や伊豆半島にはいなかった。これは茶の生産に適した気象条件や森林と草地の混在した環境などが蝶の生息条件と似ているからだと云われていた。ところが1970年代後半になって、富士山北麓の別荘地や西麓の開拓地、西南麓の耕作地周辺などからも発見されるようになった。県西部地域から侵入したグループは富士山の南側の富士市から裾野市へ、また富士五湖地方を経由して富士山の北麓に進入したグループは小山町や御殿場市へと分布を広げ、1990年代中頃には、富士山麓全域に生息するようになってしまった。

ウスバシロチョウの富士山麓への侵入は、ここの環境が変わってきたことを示している。これまで富士山麓は一面の草原あるいは樹海で、ウスバシロチョウの生息に適さなかった。しかし、牧場や別荘開発、休耕地の増加などによって草地と樹林が混ざり合うような環境が急激に増えはじめ、そこには食草のムラサキケマンや成虫の蜜源となる外来植物のハルジオンも繁茂するようになり、皮肉なことにウスバシロチョウに適した環境が新たに生まれたと考えられる。このウスバシロチョウの分布の拡大とともに、これまで生息していたアサマシジミやヒョウモンチョウなど富士山麓特有の蝶は見られなくなってしまった。このような変化は富士山麓だけではなく、日本各地で起こっている。この変化を我々はどのようにとらえたらよいのであろうか。　　　　（清　邦彦）

ハルジオンの花で吸蜜するウスバシロチョウ♂
（富士宮市人穴地区、2008 年 5 月撮影）

ナガサキアゲハ

驚くべき速さで北上する分布域

1997年の9月、「黒いアゲハチョウ」が浜松市で目撃された。市街地でよく見られるクロアゲハの後翅には尾状の突起があるが、目撃されたものはこれがなかったことから、クロアゲハではなくナガサキアゲハであったことは間違いない。10月には森町で1頭が採集され、先の目撃記録の裏づけとなった。その後2年間のブランクの後、2000年の夏に旧相良町、旧新居町、飛び離れて伊東市などで目撃され、さらに、その年の秋には県西部をはじめ、静岡市、旧富士川町などからの目撃記録が相次いだ。2001年になると県中西部や伊豆半島、また山梨県や神奈川県からも報告されるようになった。

ナガサキアゲハは翅を開くと10㎝を超える大型の蝶で、オスメスとも翅の付け根に小さな赤紋をもつのが特徴である。オスは一様に青黒く、メスは後翅の中央部に白い模様がある。この仲間は元来南方系で、東南アジアに8種の近縁種があり、その多くが隔離的に分布している。この中でナガサキアゲハの分布は最も広く、南は中国からインドシナを経てインドネシアに、また北は日本列島の九州以南に生息している。幼虫の食樹は柑橘類に限られ、他のアゲハチョウが好むカラスザンショウやキハダなどは食べない。成虫は5月上旬に出現し、10月までに4度も世代交代する。成虫は低山地周辺のミカン畑によく現れ、市街地のクサギやヒガンバナにやってきたり、時には路上の水たまりで吸水していることもある。

1940年代まで日本における生息分布は沖縄から九州全域と四国南部

までであった。ところが分布域は徐々に北上し、1960 年代には中国地方と淡路島に、1980 年代には大阪周辺や紀伊半島に侵入している。そして、1990 年代には紀伊半島全域でごく普通にいる蝶となり、2000 年になって静岡県で爆発的に発生した。このように北上の勢いは驚くべき速さで進行している。分布域の拡大は食樹であるミカンの栽培と関係が深いと考えられるが、温暖化の影響が強く働いているのだろうか。

（諏訪哲夫）

葉上に翅を広げて止まるナガサキアゲハの♀（静岡市葵区麻機遊水地、２００６年８月、伴野正志撮影）

庭の倒木で吸水する♂（静岡市葵区上沓谷町、２００３年７月撮影）

ミヤマシジミ

河原や砂礫地に生き残る

シジミチョウの仲間で、翅の開張は約 2.8㎝、翅裏の外縁がオレンジ色の帯になっているのがミヤマシジミの特徴である。オス翅の表面は青紫色に輝くが、メスは地味な暗褐色で翅裏もやや褐色を帯びる。

中部ヨーロッパから中央アジアを経て、東シベリアの草原地帯に広く分布し、さらには日本海を隔てて日本（本州のみ）にも生息する北方性（寒地性）の蝶である。静岡県では天竜川、大井川、安倍川、富士川（下流部では絶滅)、興津川流域の河原や堤防に、また富士山麓の火山礫地帯に分布している。このミヤマシジミは単一種ではなく、いくつかの種に分かれるとの説もあり、日本産は別種の日本固有種（特産種）である可能性もある。

幼虫は河原や火山礫原などに群生するマメ科の小低木であるコマツナギの葉肉を表面から食べて育つので、葉の裏側の白い表皮が食痕として残される。また、幼虫の背部の蜜腺から出る蜜をクロヤマアリやクロオオアリなどがなめ、これらの蟻は幼虫の天敵である寄生バエなどを追い払ってくれる。幼虫は成長すると葉裏などで蛹となるが、これらのアリの巣の中で蛹となることも多い。年３～４回発生し、５～10月にかけて成虫を見ることができる。冬期は卵のままコマツナギの根元などで冬を越す。

近年、このミヤマシジミの減少が目立ちはじめた。かつては安倍川流域だけでも本流と支流を合わせて 46ヵ所に生息していたのに、今日では藁科川などのすべての支流で絶滅し、本流中流部の５地点のみとなってしまった。その主な原因は集中豪雨や砂利採取による河原の流失や消失にあり、さらにはコンクリート・ブロックによる堤防建設や堤防の一斉に行われる除草などによるものと思われる。

現在、ミヤマシジミ生息地保全の試みとして、静岡市の「アドプト・プログラム」による草刈り作業や国土交通省による蝶の生息に適した堤防づくりがなされている。今後、これらの成果が楽しみである。

（高橋真弓）

㊨オトコヨモギの花で吸蜜する♂、㊥ヤハズソウの花で吸蜜する♂、㊧コマツナギの葉上の♀（いずれも静岡市葵区谷津にて1971年9月撮影）

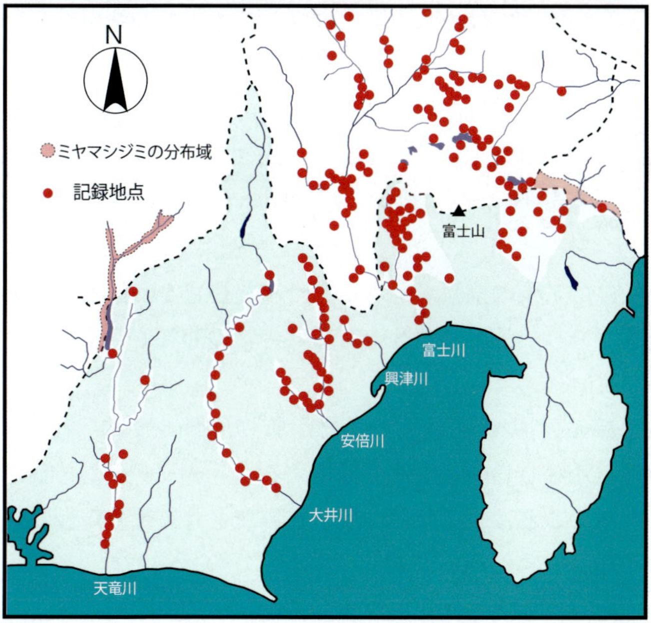

静岡県と周辺域において1949〜2008年に記録されたミヤマシジミの分布地点（清　邦彦、修正）

クロメンガタスズメ

髑髏（どくろ）模様の人面蛾（が）

大型のスズメガの仲間であるクロメンガタスズメは成虫の胸部背面に独特の髑髏（どくろ）模様があり、メンガタ（面形）とはこの模様を指す。ヨーロッパにも「デス・ヘッド・モス」と呼ばれる近縁種のヨーロッパメンガタスズメがいて、蛾（が）の中では大変有名である。この蛾はファーブル昆虫記にもたびたび登場し、映画「羊たちの沈黙」の中で幼虫が大量に飼育されるシーンは強烈な印象を与えている。

クロメンガタスズメは南方系の昆虫で、インドから東南アジアの熱帯地域に広く分布し、国内ではこれまでに沖縄から本州の西南岸にかけて生息することが知られていた。最近、静岡県でも西部、中部、東部地方と立て続けに成虫が確認されるようになり、その北上進出が注目されている。

終齢の幼虫は 10㎝にもなり、色彩も緑色型、黄色型、枯れ枝様のこげ茶型があり、ナスやトマトなどの害虫として話題に上がることが多い。幼虫の胴体側面には７条の横縞があること、また長さ１㎝ほどの尾角には粒状の小突起があり、その先端は上方に大きく湾曲していることが特徴である。

成虫は翅（はね）を広げると 12㎝を越えることがあり、脚には鋭い刺があって、つかまれるとかなり痛い。また、捕まえると「チーチー」と鳴き声を発する。これらのことは、鳥などに攻撃されたときに幾分か役に立つのかもしれない。

変わった習性として、成虫はミツバチの蜜を狙って巣に侵入し、太く

クロメンガタスズメの成虫♂
（静岡市駿河区古宿「遊木の森」、2008年7月7日、佐藤貴恵撮影）

緑色型の幼虫（上）と蛹（牧之原市大寄、2009年8月28日、山下健撮影）

て短いストロー状の口でミツバチが集めた蜜を横取りすることが知られている。また、成虫はミツバチの巣に侵入するときにも鳴き声を発することがある。これはミツバチが新しい女王蜂の誕生によって巣分かれするときの「準備を促す翅音」を真似て、働きバチからの攻撃を遠ざけているという説もある。

静岡県には、本種と形態や生態のよく似たメンガタスズメが生息しているが、最近ではクロメンガタスズメの方をよく見かけるようになった。これは、いわゆる温暖化というよりも、メンガタスズメの餌となるゴマの栽培が昔に比べて減少したこと、クロメンガタスズメの餌となるトマトやナスの栽培が特に静岡県で盛んであるということが関係していると思われる。

（枝　恵太郎）

黄色型の幼虫（磐田市中泉、2008年7月8日、池田二三高撮影）

カブトムシとクワガタムシ

外国種の移入と交雑

カブトムシやクワガタムシはいつの時代でも子供たちの人気者であり、特に立派な頭角（とうかく）（つの）や強そうな大腮（たいさい）（大顎（あご））を持ったオスを捕まえたときには見せびらかしたくなるほどの宝物となる。

日本列島には3属3種のカブトムシと16属34種のクワガタムシが生息し、それぞれ地域的にさらに多くの亜種に分かれている。この内、静岡県にはカブトムシとコカブトムシが、またクワガタムシは15種類が分布している。

最近ではペットブームによって外国から“生きた”個体が大量に持ち込まれ始め、以前は標本としてしか入手できなかったヘラクレスオオカブトやアトラスオオカブト、ニジイロクワガタやパラワンヒラタクワガタなどが安易に飼えるようになった。

ここで大きな問題が最近になって起き始めている。これらの飼育個体が戸外へ逃げたか、あるいは飼育放棄されたかして野外に放たれたものと思われる外国種が日本の各地で採集されるようになったのである。もとは熱帯性の種類であるとはいえ、最近の温暖化も加わった日本の亜熱帯性気候に生息することが可能な種類もあり、これらの個体は将来、日本に定着するであろうと思われる。

さらに憂慮される問題はこれらの種と近縁な日本固有種との交雑である。日本産ヒラタクワガタと外国産ダイオウヒラタクワガタなど、また日本産オオクワガタと外国産アンタエウスオオクワガタなどとの雑種個体がすでに各地で確認されているのである。

静岡県でもそのような事例が報告されており、近い将来、日本固有のオオクワガタもヒラタクワガタも日本から消えてしまうかもしれない。

日本の里山が急速に失われていく中で、異常ともいえる昆虫ブームが生物多様性と日本固有種を無くしてしまう危険性を再認識し、飼育に対する管理責任を指導する必要がある。

1999年に一部改正された植物防疫法は、農業害虫に当てはまらないという観点から、これらの生物の輸入について規制緩和したが、もう一度考え直さなくてはならない。（平井克男）

ヒラタクワガタ（39～61㎜）　ダイオウヒラタクワガタ（51～90㎜）

オオクワガタ（32～72㎜）　アンタエウスオオクワガタ（34～86㎜）

交雑が心配される日本固有種と近縁な外国種のクワガタ（いずれも♂）

ホトケドジョウ

ますます孤立化する生息地

ホトケドジョウの仲間はその名のとおりドジョウ科に属する小魚であり、体長４～６㎝ほどの細長い円筒状の体に４対のひげをもち、その１対が鼻孔付近からはえるという愛嬌（あいきょう）のある姿をしている。

日本列島に生息するホトケドジョウ類は、エゾホトケドジョウ、ホトケドジョウ、およびナガレホトケドジョウの３種である。静岡県にはそれらの後二者が天然分布するが、ナガレホトケドジョウは1990年まで県内での生息情報や記録はなかった。

本種は体がより細長く、ひげや吻（ふん）も長いことでホトケドジョウと区別できるが、発見が遅れたのは、ほかの魚がほとんど棲（す）まないような源流に生息するために人目に付きにくかったことや、形態的類似性から長い間ホトケドジョウに含められていたことによる。

ホトケドジョウは湧水や山からの浸（し）み出し水の緩やかな流れの小川や小溝を好み、ほかのドジョウ類のように砂や泥に潜ることなく遊泳しながら小動物を捕食し、４～６月に水生植物に卵を産みつける。生息地は県内の平野部を中心に広い範囲に散在するが、西部地域以外では少なく、それぞれが孤立している。特に伊豆地域からはここ数年、確実な生息情報が得られていない。

また、ナガレホトケドジョウは源流近くの流れの緩やかな浅い小川の淵を好み、食性や産卵期はホトケドジョウと同じであるが、日中は物陰に潜み主に夜間に活動する。県内では西部地域の標高の高くない山地の上流域だけに見られ、日本における分布の東限になっている。

現在、これらの生息地は埋め立てられたり、コンクリート水路化されたり、また各種土木工事による環境悪化の脅威にさらされ、年々狭められて少なくなっている。

このような状況から静岡県は2004年、県版レッドデータブックで両種をそれぞれ絶滅危惧（きぐ）種Ⅱ類、準絶滅危惧種に選定し、また環境省のレッドリストでも絶滅危惧種ⅠB類に名を連ねている。現在残る生息地を保存し、後世に残したい小魚たちである。　（杉浦正義）

ナガレホトケドジョウ
（浜松市天竜区東、体長5㎝、2003年撮影）

ホトケドジョウ
（静岡市駿河区谷田、体長5㎝、2003年撮影）

ヤマトイワナ

激減する氷河期の遺産

深山幽谷にすむ渓流魚のイワナ（岩魚）は河川の最も上流にすむサケ科の淡水魚である。名前の通り岩陰を好み、酸素の豊富な水温15℃以下の環境でしか生きられないが､口に入る動物性のものなら何でも食べ、滝を飛び越える優れたジャンプ力をもち、また体をくねらせて水のない河床も移動できるため、過酷な源流にも生息できる。紅葉のころに支流の浅瀬で産卵し、６年以上生きるものもいる。

イワナは分類学上４つの亜種に分けられている。東北以北に分布するアメマス（エゾイワナ）は北海道では河川の中・下流部にも見られ、海で成長して産卵のために川に溯上（そじょう）する降海型もいる。東北南部から関東、中部日本海側、山陰にはニッコウイワナが、富士川から紀伊半島の太平洋側にはヤマトイワナが、また山陰西部にはゴギと呼ばれるイワナが分布している。

本州の山岳地帯にすむイワナは、氷河期に分布を南に広げた降海型のアメマスが間氷期になって水温の低い河川の上流部に陸封されて分化した、いわゆる氷河期の遺存種と考えられている。

本県に生息するヤマトイワナは、イワナの特徴である白点が背部になく、体側の朱点が目立つ。最近の研究では遺伝的にほかのイワナ亜種とかなり差があることが分かってきた。また、本県には、同じサケ科のヤマメ（サクラマス）の亜種であるアマゴも生息している。このアマゴの分布域がヤマトイワナと同様､本県以西の黒潮圏であることは興味深い。

本県のヤマトイワナは大井川水系と天竜川水系のごく限られた源流域

にわずかに生息しているにすぎない。現在、この水系に放流されたニッコウイワナとの交雑によって純系のヤマトイワナの個体数は激減し、急速にその姿を消しつつある。交雑個体と在来個体は外見では区別しにくいため、交雑個体を取り除くことは困難である。さらに、ニッコウイワナに比べて水質などの環境変化に弱く、養殖で増やすことも難しい。この貴重な氷河期の遺産を未来に残す保存対策が早急に必要である。

（後藤裕康）

大井川源流のヤマトイワナの♂
（全長約 25㎝、2004 年 8 月採捕）

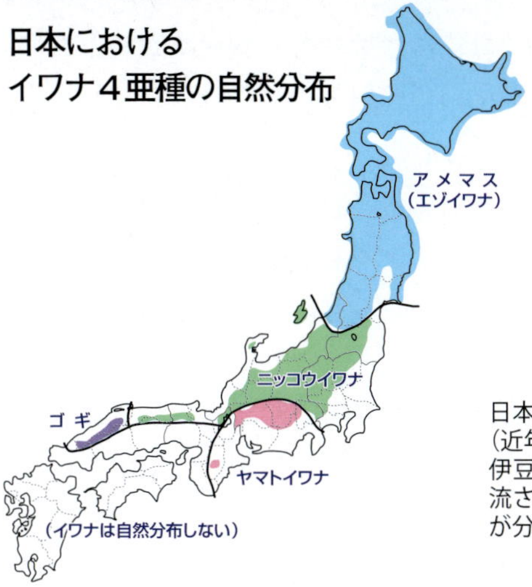

日本におけるイワナ４亜種の自然分布
（近年ではもともとイワナがいなかった伊豆半島や四国、九州などの渓流に放流されたニッコウイワナやエゾイワナが分布している）

クロコハゼ

南方系ハゼと標本の重要性

温暖化の影響か、最近、河口域で以前には見かけなかった南方系の魚類が目立つようになってきた。なかでもハゼ科の魚が多く、クロコハゼもその一つである。

クロコハゼ属（*Drombus*）は長い間、日本には１種が分布するとされてきたが、実はその中に形態的に類似した複数の種類が含まれている可能性があり、分類学的には未整理で、いまだ学名も確定していない。また、生態についても不明な点が多く、研究余地の大きい分類群である。

クロコハゼ（*D.* sp.）は、体長５㎝ほどの小型のハゼで、体形は円筒形で頭部の断面が円形に近く、両眼は背面で接近し、胸鰭（びれ）基底上部に遊離軟条がない。

体色は全体に黒褐色で、体側に柿色斑が散在し、胸鰭基底の上端に三角形の白色斑があり、尾鰭の上端に白色の斜線が見られる。また、腹鰭は左右が癒着して吸盤状になっている。

本種は 1978 年に沖縄県石垣島から報告されて以来、その分布は琉球列島などに南偏すると思われていたが、1982 年に和歌山県加茂川で発見され、静岡県でも県版レッドデータブック作成に伴う魚類調査（1998 ～ 2002 年）によってその生息が明らかにされた。

その後、2007 年には神奈川県逗子市の河川でも確認されるようになり、年々東進を続けている。県内では、西部の馬込川から東部の青野川までの11 河川の河口域の砂泥底に生息していることが確認されている。

今年の３月、沖縄県内で南アフリカや中西部大西洋に分布するクロコハゼ属イッテンクロコハゼ（*D. simulus*）の分布が確認されたことから、これまでの分類を再検討する必要が生じてきた。

このような場合、これまでに採集された標本の再確認が必要となってくる。分類学では標本に基づく客観的な検証が必須であるため、標本は博物館のような機関に半永久的に保管され、いつでも検証可能な状態にしておかなければならない。

近年、話題に上ることの多い「生物多様性」の認識も分類学なしには成り立たない。種の実態が明らかにされないまま、絶滅の危機にさらされている種の保全はもちろんであるが、県内で採集された貴重な標本の管理・保管のできる自然史博物館の早急なる設立が望まれる。

（北原佳郎）

伊豆の青野川で採集されたクロコハゼの♂（2005年5月8日）

ブルーギル

沼の自然を侵す外来種

磐田市の桶ケ谷沼はベッコウトンボの生息地として名高い。隣接する鶴ケ池を除いて近隣にこのトンボの生息地がないことから、県は平成元年に桶ケ谷沼とその周辺域を自然環境保全地域に指定した。

当時の桶ケ谷沼の沼面は、調査用の小型ボートを進めるのも大変なくらいにオニバスやヒシの浮葉植物が一面に繁茂していた。このころの沼には５科 11 種の魚類が生息し、ゲンゴロウブナやカムルチーなどの移入種もいなくはなかったが、カワバタモロコやメダカなどの在来魚の割合が高かった。

しかし、その後の金川直幸氏（静岡淡水魚研究会）を中心とした継続調査で、特定外来種に指定されているオオクチバス（ブラックバス）とブルーギルが相次いで見つかり、またごく最近の調査でブルーギルはすでに定着していることがわかり、沼の魚類群集に対する心配は現実のものとなった。

現在はメダカのみならず、ドジョウまでもが姿を消してしまった。この原因として、沼の出口に水門が設けられ、水位が変動しなくなったことによる環境変化もあげられるが、外来魚による影響も排除できない。

ブルーギルの呼称は鰓蓋（えらぶた）後端の突出部が青黒いことに由来し、北アメリカが原産地でサンフィッシュ科に属す。主に池や沼の水生植物が生える沿岸部に生息し、雑食性で魚の卵や稚魚のほかトンボの幼虫（ヤゴ）なども捕食して全長 25㎝ほどに成長する。

桶ケ谷沼では外来魚の侵入にもかかわらず、幸いなことにカワバタモロコはまだ生き残っている。しかし、ベッコウトンボの幼虫はほとんど見られなくなったままである。沼のシンボルのベッコウトンボがいなくなってしまっては何のための保全地域だったのか、その指定の意味がなくなってしまう。

沼は増水と渇水とが繰り返され、岸辺が浸水したり干上がったりする状態が自然であり、このような環境のところで魚は産卵し、仔稚魚が成育する。沼の水門設置による水位の安定化は沼の本来の機能と役割を損ねてしまっている。沼の環境改善と侵入外来魚の駆除対策がいまだ手つかずの状態であるのは気がかりである。

（板井隆彦）

㊤沼内で採捕されたブルーギル（未成魚）
㊦流出水路で採捕されたブルーギル（成魚）とオオクチバス（未成魚）
（いずれも2007年6月24日撮影）

カワバタモロコ

遺伝子の相違が示す隔離の歴史

日本固有種であるカワバタモロコ（小型のコイ科魚類）は体長３～４㎝ほどで、メスの体色は銀白色であるが、オスは繁殖期になると金色に変色して、そのコントラストは美しい。分布は九州の北西部から瀬戸内海を経て、本州の太平洋側に及び、静岡県の藪田川（瀬戸川水系）が分布の東限となっている。

県内ではこれまで、笠子川（湖西市）から瀬戸川までのいくつかの河川や池沼でその生息が確認されてきた。しかし、現在では静岡県など多くの県で絶滅危惧（きぐ）ＩＡ類に指定されるほど、各地で著しく減少し、種の存続が危惧されるようになった。

2006年の秋、過去に県内で採集されたことのある地点で再調査したところ、本種の生息が確認されたのは天竜川、太田川、瀬戸川の３水系に限られ、著しく孤立化していることが明らかとなった。

３水系で採集されたカワバタモロコの遺伝子分析をした結果、水系間で大きな遺伝的相違がみられ、さらに藪田川保全水路（瀬戸川水系）とＴ池（太田川水系）では、それぞれ遺伝的多様性に富んだ集団が生息していることが分かった。

しかし、３水系から飼育によって継代維持されてきた６つの系統について同様の分析をしたところ、３つの系統に伊勢湾流入河川に生息する個体に特有な遺伝子が混じっていることが明らかになった。これは飼育時に伊勢湾流入河川からの個体が混入したことによると思われる。

この遺伝子は浜北の池沼や放流経歴のある藪田川バイパスの個体にも

見つかっており、移殖による遺伝子汚染が拡大していることを示している。

野生のカワバタモロコの集団間に遺伝子の大きな違いが見られたことは、移動能力の低いこの魚が各地の孤立した生息地に隔離されて生き残ってきた歴史を物語っている。

また、「絶滅から救おう」と飼育する際に、他水系の個体を混ぜたり、それらを安易に放流すると、取り返しのつかないことになってしまうことを示している。

既に多くの地で絶滅してしまった集団はどのような遺伝子組成をもっていたのだろうか。もはや知るすべがなくなってしまったのは残念である。

（金川直幸）

㊤カワバタモロコ
（黄金色の個体が♂、銀白色の個体が♀）
（瀬戸川水系、2007年7月16日撮影）
㊧繁殖は晩春から初夏の増水時に行われる
（藪田川、2007年7月15日撮影）

ヒナモロコ

希少魚であるが故にやっかいな存在

静岡県内で絶滅のおそれがあると指摘された淡水魚は26種にのぼる。そのうちコイ科魚類はカワバタモロコとヤリタナゴの２種で、いずれも絶滅危惧の最上位（ＩＡ類）にあげられている。

このカワバタモロコに極めてよく似たヒナモロコが、最近、県内の某所で見つかった。この種は朝鮮半島と中国大陸に広く分布するが、日本では福岡県の小河川で 1994 年に野生個体が少数確認されて以来、ほかの生息地は見つかっていない希少魚である。

ヒナモロコは日本のコイ科魚類の中ではごく小さく（全長約４～７㎝)、体側と背中線に暗色縦条があり、腹鰭基部後端から肛門までの腹中線が低く隆起している。側線感覚器官の開口がある鱗（有孔鱗）は胸鰭つけ根の前方の４～ 10 枚しかない。

カワバタモロコとは体高が低いこと、腹中線の隆起が低いこと、鱗の辺縁に黒色素胞が集まっていること、産卵期のオスが黄金色にならないことなどで区別できる。

静岡県に本来いないはずの魚がいるということは、人為的に導入されたことを意味している。国内での外来種の導入例は、琵琶湖のアユやゲンゴロウブナなど漁業上の意図的な放流と、それらに紛れて他種が導入されるという非意図的な例がある。

本種の場合、漁業権魚種やそれに関連する魚種ではなく、漁業上の移入経路は考えにくい。可能性が高いのは飼育個体の遺棄放流である。現在、熱帯魚店などで希少淡水魚が観賞用に販売されるようになり、それらの逸脱や遺棄によると思われる個体が自然分布域外で見つかる例が増え、定着の事例さえ知られるようになってきた。

原産地が国外か国内かを問わず、外来種が在来種に対して捕食や競争による生息抑圧などの影響を与えることが問題となってきている。それが例え希少魚であっても同様で、まだ影響の程度が知られていなくても問題であると考えるべきである。

希少魚は希少であるが故に珍重され、流通量が増し、逸脱や遺棄放流の機会が多くなる。そのため、希少魚であっても何らかの流通規制を行い、また、安易な飼育や遺棄放流を慎むよう啓発が必要である。

（北原佳郎）

県内の河川で採集されたヒナモロコ（2004年11月7日撮影）

タネハゼ

北上して静岡に定着

タネハゼの「タネ」は学名（*Callogobius tanegasimae*）が示す通り種子島に由来する。このハゼは南方系のオキナワハゼ属の仲間で、黒潮の影響下にある神奈川以南、琉球、台湾、フィリピンまで分布する。

県内の生息状況は、1998〜2002年の静岡県版レッドデータブック作成に伴う魚類調査によって初めて明らかにされ、現在、県西部の太田川、中部の巴川、伊豆の西浦河内川から青野川の河口域の砂泥底に生息していることが確認されている。

オキナワハゼ属の特徴である頭部の皮褶（ひしゅう）と呼ばれるしわのような皮質の隆起が縦横に多数みられ、全長12㎝ほどの体は細長くスマートで、尾鰭（びれ）は丸みをおびた菱形をしている。成魚の体色は茶褐色であるが、幼魚は乳白色地で、体側に黒褐色の太い横縞模様が2〜4本ある。

同属のミスジハゼに似ているが、第2背鰭の軟条（鰭膜を支える骨）がミスジハゼの9〜10条にくらべて13〜15条と多く、背鰭の基底部も比較的長いことで区別は比較的容易である。

本種は静岡県が北限と思われていたが、昨年、神奈川県逗子市の河川でも確認され、分布域の北限が更新された。このように最近では多くの南方系の魚類が見られるようになってきた。

これまで、これらの魚類は南から黒潮に乗って卵や仔稚魚が運ばれることはあっても、冬期の低水温に耐えられず死滅してしまい、成魚まで育ち再生産されることのない「無効分散」と考えられていた。

しかし、現在は採集される個体数が多いばかりでなく、成魚と幼魚がともに得られるようになった。また、冬期にも採集され、越冬していることは明らかであり、すでに静岡県に定着していると考えられる。

このように、南方系魚類の北方への分布の拡大は温暖化が進行していることをうかがわせる。さらなる詳細なデータの蓄積が望まれる。

（北原佳郎）

側面から見たタネハゼ（2005 年 3 月 26 日撮影）

頭部は特徴的な皮褶（ひしゅう）が目立つ
（2006 年 3 月 26 日撮影）、（いずれも伊豆・青野川河口で採集）

ブッポウソウ

巣箱作戦の成功を期待

真っ赤な嘴（くちばし）にエメラルドグリーンの体。翼は藍色を帯び、飛ぶと翼の白斑が目立つ。この派手な姿のブッポウソウは夏鳥として５月の中旬頃、日本に飛来する。

この鳥の名は、仏教で古来より言い伝えられている仏法僧（三宝鳥）に因んでつけられたのだが、実際、「仏法僧」と鳴く声の主はミミズクの仲間のコノハズクである。そこで、姿の仏法僧、声の仏法僧と区別して言われるようになった。少しややこしいが､姿の仏法僧の鳴き声は「ゲェツ・ゲェツ・ゲゲゲゲッ、ゲーゲゲッ」としゃがれ声で、お世辞にもいい声とはいえない。

ブッポウソウは、以前は天竜川水系や大井川水系の上流部に広く分布していたのだが、ここ十数年で激減し、2009 年に天竜川水系でわずか１ペアが確認されているにすぎない。県レッドデータブックでも最高ランクの「絶滅危惧ＩA」に指定されている。

激減の原因として、主な生息地となっていた寺社林周辺の開発や樹洞のある大木の減少などが考えられる。これは全国的な傾向でもあるのだが､岡山県では電柱に巣箱を設置することにより、個体数が増えている。また、長野県、天竜村では鉄橋に巣箱を取り付けて、営巣場所を確保している。

静岡県でもこの鳥の復活を期待して、日本野鳥の会静岡支部が 2007 年に旧本川根町の２つの橋（2004 年ごろまで生息していた場所）に巣箱を設置した。しかし、２年たった今も、残念ながら営巣は確認されていない。再び戻ってくることを忍耐強く待っている。

ところで、声の仏法僧のコノハズクも、これまた減少の一途をたどっている。10年ほど前までは県内の10カ所くらいで確認されていたのだが、ここ数年の調査ではわずか2カ所しか確認されていない。愛鷹山周辺では、毎年、夜の観察会でその声が聞かれていたのに、ここ5年ほど聞かれていないという。

山奥で、あの特徴のある「ブックォッコー、ブックォッコー」と聞こえる金属的な鳴き声が、今では殆ど聞けないのは寂しい。

夏鳥にとって、繁殖する日本は古里である。毎年、古里へ帰ってこられるような環境を整えて、迎え入れてあげたいものである。

（三宅　隆）

ブッポウソウ（2002年7月、小池正明撮影）

橋脚に巣箱を取り付けているところ（2007年4月）

（いずれも旧本川根町にて撮影）

カワウ

深刻な「黒い鳥問題」

天竜川河口の河原におびただしい数の大型の黒い鳥が群れている。カワウである。かつては野生のカワウの数は減少傾向にあったが、なぜか平成に入ったころから急激に増加しはじめ、県下では1万羽を超えるまでになってしまった。

昨年、県が実施したカワウの「ねぐら」調査では、県の西部で8500羽、中部で2300羽、東部で800羽がカウントされた。主な集団繁殖地（コロニー）は浜名湖周辺域であったが、最近では藤枝や焼津、伊豆地方にまで拡散していることが確認されている。

このカワウの増加に伴って、各河川ではアユの食害が増加し、特に天竜川、大井川、安倍川、興津川、狩野川などでの被害は深刻である。そこでアユ漁の解禁前などに漁協を中心にカワウの駆除を実施し、毎年1000羽くらいが捕獲されている。

カワウはどんな魚を食べているのか。駆除された674羽を解剖して胃の内容物を調べた結果、魚種の判別が可能だった227羽では淡水魚だけでなく、汽水魚や海水魚など46種もの魚と甲殻類を食べていることが解った。特に多かったのがアユであったが、他にウグイ、オイカワ、ボラと続き、体長30㎝のシロザメまでも丸呑みしていた。

これらの胃の内容物から判断して、カワウの食性はアユを選択的に捕っているわけではなく、潜った時にそこにいた魚を手当たり次第に食べているようである。したがって、稚魚の放流によりアユしかいない（アユ主体の）特化した河川で、アユの被害が大きくなるのは当然のことである。

このようにわれわれは「人に都合のよい河川」を造り出し、本来の河川がもつ多様性に満ちた生物相を改変してしまったのである。せっかく放流したアユをカワウに根こそぎ食われてしまってはたまらないが、それでもなお対策を講ずるとするならば、たとえカワウに追われてもアユが逃げ込めるワンドや瀬を造り、種々の魚や生物が棲めるような多自然の河川を再生する他ない。

最近ではカワウの他に各地でカラスやムクドリも確実に増え、いわゆる「黒い鳥問題」を引き起こしている。皮肉なことにいずれも人間を逆手に取って彼らは繁栄しているのである。　　　　　　（三宅　隆）

羽を休めるカワウの群れ。白い頭は生殖羽。
（静岡市葵区麻機遊水地、2005 年 5 月、小池正明撮影）

ソウシチョウ

外来種が富士山征服

初冬の頃、郊外の森の中で、季節外れの大きな声のさえずりが聞こえた。クロツグミの声によく似ているが、聞いたことのないさえずりで、何の鳥か双眼鏡で探してみると、それがソウシチョウであった。

スズメより少し小さいソウシチョウは中国南部からインドシナ半島北部にかけて生息し、もともと日本にいた鳥ではない。姿や鳴き声が可愛らしいので、飼い鳥として輸入された。チメドリ科に属し、ウグイスとは近縁ではないが、「ウグイスの糞」として美顔顔料に利用されたこともある。

この鳥が野生で見られるようになったのは1980年代の後半からで、筑波山周辺を発端として、県内では1990年以降に天城山や富士山の周辺で確認されるようになった。現在では県内のほぼ全域に勢力を伸ばしつつある。また、富士山周辺で実施している野鳥標識調査者によると、時期によっては最優先種がソウシチョウとのことであった。夏期にササ類の繁茂する常緑広葉樹林帯で繁殖し、冬期に漂鳥として標高の低い里山などに移動し、小さな群れをつくって市街地の公園や神社などに出没するようになってきた。

生息環境が笹薮であることから、在来のウグイスとの競合が危惧されるが、今のところソウシチョウが増えたからウグイスが減ったという明確な報告はない。しかし、ある地域の笹薮でソウシチョウの巣が高密度に増えると、ヘビやイタチ、カケスなどの捕食者が集まり、間接的にウグイスの巣も狙われる確立が高くなるという研究報告もある。

特定外来種に指定され、飼育や移動が規制されているこのソウシチョウの他、最近ではガビチョウも県内で生息範囲を広げ始めている。特に富士市や富士宮市の朝霧高原周辺ではすでに留鳥となっている。田貫湖や富士五湖で見られるカナダガンやコブハクチョウも大型種だけに生態系に及ぼす影響が心配される。

また、県内での確認例はまだないが、すでに山梨県に生息しているカオジロガビチョウやカオグロガビチョウがいつ侵入してきてもおかしくない状況にある。人によって持ち込まれた外来種を早い内に取り除いておかないと、本来の生態系は失われてしまうであろう。

（三宅　隆）

ソウシチョウ。姿も色もきれいで、声も張りがあるのだが、外見ではオスメスの区別はつかない
（静岡市葵区護国神社、2007年3月17日、小泉金次撮影）

ハリネズミ

伊東市周辺で生息拡大

背中が針で覆われているハリネズミはネズミとついているが、モグラ（食虫類）に近い仲間である。もともと日本には生息していない動物なのに、近年伊東市の大室山周辺で見られるようになった。

夜、懐中電灯を照らしながらゴルフ場などの芝生を歩いていると、先方に白っぽい物体が動いている。ライトを当てるとその物体は逃げずにボールのように丸くなって動かなくなり、皮手袋があれば簡単に捕まえることができる。

伊東市内では1995年頃から人目につくようになり、その数は年々増加し、分布域も拡大の一途をたどっている。捕獲された個体は伊豆シャボテン公園に保護され、その数はこれまでに200頭を超えている。

ハリネズミを対象とした静岡県の特定外来種調査では、2004年に実施された聞き込みとネズミ捕りトラップによる生息数と分布域に比べて、2007年では生息域が2.4倍に広がり、あるゴルフ場内では夜間3時間のライト調査で19頭が確認されるなど個体数も増加しているようだ。

大室山から5㎞も離れた東伊豆町との境の赤沢地区や伊東市玖須美元和田でも確認されるようになり、隣接する市町に広がるのは時間の問題と思われる。

伊東市のハリネズミは東アジア原産のマンシュウハリネズミという種類である。冬期は土中の穴や落葉の下で冬眠し、繁殖は春から秋にかけて2回行われ、1回に3～5頭の子を産む。夜行性で、主食は昆虫であるが、地上の果実や小動物なども食べる雑食性である。

そもそもハリネズミの野生化は輸入されたペットの飼育遺棄や逃亡によるものであるが、現在は外来生物法で特定外来種に指定され、輸入や飼育が禁止されている。法律的にはたとえ自宅の庭で見つけたとしても、ペットとして飼うことはできないばかりか、他への移動もできないのである。

ハリネズミによる被害の実態はまだ把握されていないが、在来のモグラなどとの競合や野鳥の卵や雛の食害などが危惧される。早い時期に捕獲を含めて、撲滅を目指す対応が求められる。　（三宅　隆）

ライトを当てると丸くなって動かなくなる
（伊東市大室山周辺、いずれも2007年9月撮影）

夜間、地上に出てくるハリネズミ（体長約20㎝）

ハクビシン

分布の拡大による被害の増加

30年ほど前、「静岡県を代表する哺乳類は？」と聞かれて、とっさに名前が出たのがハクビシンであった。

というのは、日本でハクビシンが最初に記録されたのが昭和18年のことで、浜名郡知波田村（現湖西市）で最初の1頭が捕獲されたことにはじまる。それ以来、年々、個体数を増やして県内各地に分布を広げ、特産のミカンに被害を与える害獣となったからである。

被害状況から推測して、以前は浜名湖周辺や大井川流域、清水、由比、富士川周辺、伊豆半島の4カ所ほどであったが、今では高山地域を除く県下全域に広がっている。

このハクビシンについては、現在は、外来動物ということで決着がついているが、昭和50年代までは在来種か帰化種かでケンケンガクガクの議論があった。すなわち、江戸時代の書物に出てくる「雷獣」がハクビシンであるという在来説と、近年になって発見され、しかも分布が偏っていることからの帰化説である。

家ネコくらいの大きさのハクビシンは食肉目ジャコウネコ科に属し、雑食性で野菜から小動物まで何でも食べる。東南アジアから台湾まで広く分布し、戦前に旧清水市でも毛皮獣として移入、飼育した記録がある。

静岡市内の各地に自動カメラを設置して、どのような動物がいるかを調査したが、驚く事に、最も多く写っているのがハクビシンで、なんと80カ所中47カ所で記録された。以前、県では保護獣あつかいにしたり、また、他県では県の天然記念物にまで指定したほどの希少種であったが、今ではタヌキやキツネよりも多い種となってしまった。あまりの分布の広がりに、環境省は「根絶は難しい」と判断したのか、外来生物法の特定外来種から外している。

ミカンやビワ、モモなどの農作物被害は深刻であるが、人家の屋根裏に住み着き、糞尿による汚染も問題となっている。これらの被害対策は急務であるが、何しろタヌキやキツネと違って木登りが上手なので、対策をたてるのが非常に難しい。人間が勝手に持ち込んだのであって、ハクビシンに責任はないのだが、何らかの対処が必要である。

（三宅　隆）

ハクビシンの親子
（静岡市葵区清沢、1980年10月撮影）

自動撮影装置に写ったハクビシン
（静岡市清水区、2009年8月18日撮影）

アライグマ

人知れず各地で繁殖

1980年代、アニメ「あらいぐまラスカル」の放映によって、愛くるしい北米原産のアライグマは一躍人気者となり、ペットとして輸入され、家庭でも飼育されるようになった。それから10年もたたないうちに、野生化したアライグマが日本のあちらこちらで発見されはじめ、今では、日本全土に生息するようになってしまった。

静岡県内で野生の個体が確認されたのは、2003年6月、富士宮市の花鳥山脈が最初であった。それ以来、旧由比町や旧蒲原町で毎年1～2件の目撃情報がもたらされるようになり、県は2007年度に「特定外来種調査」を実施した。

アライグマについては最新の目撃情報に基づき、まず由比町を中心に聞き込みとアンケート調査を行った。しかし、夜行性のためか多くの生息情報は得られなかった。そこで棲息していそうな由比川支流の沢に自動撮影装置カメラを設置したところ、なんと8カ所中7カ所でアライグマが映し出されていた。

さらに調査範囲を広げたところ、静岡市清水区の興津川沿でも多くの設置カメラがその存在を捕らえていた。また、静岡市葵区の安倍川沿いや浜松市浜北区でも生息が確認されている。このようにアライグマは人知れず、想像以上の繁殖力で生息分布を広げていたのである。

北海道での生態調査によれば、2歳のアライグマのメスが産む子の数は平均4.2頭であった。この高い繁殖率では生息数と生息分布域は毎年倍々で増えていく勘定となる。

環境省は2005年に外来生物法を制定し、特定外来種の輸入、飼養、保管、運搬などを規制しているが、国として一部を除いて個々の特定外来種に対する具体策を提示していない。

本来、日本列島に生息すべきではないアライグマは農業被害だけでなく、伝染病、住宅侵入などの人的被害や在来動物との競合など、多くの問題を抱えている。早急に駆除対策を実施しなければ、近い将来、アライグマによる被害が増大するのは明白である。　　　（三宅　隆）

自動撮影カメラに写った母子4頭のアライグマ
（静岡市清水区、2009年8月）

水辺で確認されたアライグマ
（静岡市清水区興津川流域、2007年3月）

ツキノワグマ

野生動物の逆襲

南アルプスの入口である畑薙ダムから東俣林道に入ると、濃緑色の檜(ひのき)の植林地にところどころ赤茶色に枯れた木々が目立ってくる。これはツキノワグマによる「クマハギ」被害である。クマは爪で樹皮を引き裂き、維管束形成層の部分を食べる。樹皮を剝がされた木はやがて枯れるか、再生されたとしても木材としての価値が失われてしまう。県下の「クマハギ」による被害は年間およそ40haにものぼると云われ、国内材の価格が低迷する中、林業関係者にとってはゆゆしき問題である。

近年、国内の各地で人里にクマが出没し、人が襲われるという事故が頻繁に起こるようになり、2年前には多くのクマが捕獲処分された。県内でも、市街地の近くに「クマ出没注意」の看板をよく見かける。どうして市街地にまでクマが現れるようになったのだろうか。

最近、盛んになったニホンミツバチの養蜂もその原因の一つに挙げられている。蜂蜜が大好きなクマが人里に仕掛けられた巣箱を狙ってやってくるのは当然のことで、安易な巣箱掛けはクマを呼び寄せているようなものである。いずれにしてもクマと人との距離が限りなく近付いていることだけは事実である。

静岡県は1998年から2001年に、南アルプス周辺で14頭のクマに発信機を付けて生息域や行動などの生態調査を実施した。その結果、数十㎞以上離れた長野県や水窪町まで移動して戻って来る個体やほとんど移動しない個体などの多彩な行動パターンが確認された。行動範囲が100㎢におよぶ個体もいたが、平均すると20㎢以下であることも分かってきた。

またクマのほか、ニホンジカやカモシカ、イノシシ、ノウサギなどによる被害も深刻であり、現状では野生動物の方が人との戦いに勝っているような気がする。

南アルプスでは増えていると思われるクマも、富士山や愛鷹地域では、生息地が分断されることなどによって減少しており、県の「絶滅の恐れのある個体群」に指定されている。今や相手をよく知ることによって、その被害を最小限に防止しながら野生動物との共存を図る対策が求められている。（三宅　隆）

㊧「クマハギ」によって樹皮を剥がされたヒノキ。植林地では赤茶色に枯れた木が目立つ
（南アルプス千枚林道と東俣林道、2008年7月撮影）

自動撮影カメラがとらえたツキノワグマ
（南アルプス聖岳、1996年6月、大場孝裕撮影）

ホンシュウシカ

増える個体と食害

7 亜種あるニホンジカ（*Cervus nippon*）のうち、静岡県に分布するのは中型のホンシュウシカ（*C. n. centralis*）で、体重はオスで 80kg、メスで 50kg くらいである。角はオスにだけあり、毎年春に落ちて、また生えてくる。冬毛は灰褐色であるが、夏毛は茶褐色に白い斑点模様（鹿の子斑）となる。秋の繁殖期には、オスは特徴のある鳴き声を発し、オス同士が角をつきあわせて戦う。

このシカによる農林業被害が近年増大しはじめている。富士山周辺の森林に一歩足を踏み入れると、樹皮をはがされた樹木や上部の葉だけを食べられたササが目立ち、踏み固められた「けもの道」が続いている。また、伊豆半島では特産のワサビの葉を食べたり、ワサビ田を踏み荒らしたり、その被害額は年々増加の傾向にある。

県下では平成 21 年度に有害鳥獣捕獲を含めて 7665 頭（管理捕獲地域の伊豆半島では 4962 頭）も捕獲しているのだが、一向に減る気配はない。

これらの低山地帯だけでなく、最近では南アルプスの稜線近くでの食害も深刻化している。高山帯のお花畑の花が食べられ、まるで芝生状態になっているところが増えている。

一部では、マルバダケブキや毒草のトリカブトだけが食べられずに残っているが、高山植物の減少と生態系の変化は、これらを食草としている高山昆虫の生息を脅かし、ハイマツ帯のライチョウの生息にも波及しかねない。県や静岡市、民間ボランティア団体が聖平や三伏峠などにフェンスを設置して、保護活動をしており、フェンス内では高山植物の復活も見られているが、高所のため、作業的、経費的にも問題が山積している。

なぜ、このようにシカが増えたのだろうか？　暖冬による積雪量の減少で死亡率が減ったこと、法律によりオスに限定された捕獲が繁殖率を高めていること、天敵がいないことや狩猟者の減少などが挙げられる。しかし、個体数が増えていることだけは事実である。対策が急がれるが、効果的な手だてがないのが現状である。（三宅　隆）

オスジカ（頭胴長約150cm）（富士山の国有林、2007年9月撮影）

シカに食べられて芝生状態になったお花畑。毒草のトリカブトだけが残っている（南アルプス聖平、2004年7月撮影）

Column　外来生物（Invasive alien species）

世界の生物多様性を脅かす原因の一つに、あらゆる生態系で増加・拡大傾向にある侵略的外来生物があげられる。例えば、外来魚のオオクチバス（ブラックバス）やブルーギルは国内全域の湖沼に繁殖し魚卵や在来魚を捕食する。毒蛇対策で導入されたマングースは沖縄本島や奄美諸島で分布を広げ、ヤンバルクイナやアマミノクロウサギの生息に脅威となっている、アライグマもいまや全都道府県で確認されており、農作物被害のほか、国宝の文化財などの建築物へ侵入し傷をつけるなどの被害を出している。これら外来生物の侵入は、在来動物にとって大きな脅威となっている。

外来生物は、あるものは外国から人為的、意図的に導入され、またあるものは船や航空機により不可抗力的に運ばれたりもしている。国内においても時として移動がなされ、そのためにその地域の在来種の存続が脅かされる事態も発生している。

2005 年、外来生物法で生態系や人の生活に被害を及ぼす可能性がある外来種を「特定外来生物」に指定し、輸入、保管、飼育、などを制限している。現在、環境省で指定された特定外来生物は 97 種類になっている。これ以外に、現在規制はされていないものの、要注意外来生物も多くの種がリストアップされている。　（三宅　隆）

■代表的な特定外来生物（2010 年 2 月現在）

哺乳類	タイワンリス、アライグマ、マングースなど 21 種類
鳥　類	ソウシチョウ、ガビチョウなど 4 種類
爬虫類	カミツキガメ、グリーンアノールなど 13 種類
両生類	オオヒキガエル、ウシガエルなど 11 種類
魚　類	オオクチバス、ブルーギルなど 13 種類
クモ類	キョクトウサソリ、セアカゴケグモなど 5 種類
甲殻類	ウチダザリガニなど 5 種類
昆虫類	アルゼンチンアリ、セイヨウオオマルハナバチなど 8 種類
軟体動物	カワヒバリガイなど 5 種類
植　物	オオキンケイギク、アレチウリなど 12 種類

おわりに　自然史博物館の整備が必務＝学習の場の拠点に

静岡県は、駿河湾の最深部から富士山の頂上までの標高差は約7000mに達し、この特異な地質と地形は豊かな自然を生み出し、多様な動植物の生息地となっている。これらの自然は日本を代表する全ての要素を兼ね備え、本県はまさに自然の宝庫、博物館そのものといえる。

この豊かな自然の産物とそこに生息する多様な動植物をカラー写真とともに静岡新聞日曜版で紹介した。多くの読者からたくさんの感想をいただいた。中には「少し難しい」とか「専門的すぎる」などの苦言もあったが、「日曜の新聞を開くのを楽しみにしている」というような嬉しい声援を励みに執筆できたことを感謝したい。

本来、自然史に関わる事物はしかるべき博物館で実物に触れながら学ぶのが理想である。残念なことに本県には未だ自然系博物館は出来ていないが、その必要性はずっと以前から検討されてきた経緯がある。

それらの主なものは、「静岡県新世紀創造計画」（1995年）や「2010年戦略プラン（後期5年計画）」（2006年）に位置付けられ、調査費（1996、1997年）の予算が計上されたこともあった。今回「ふじのくに」づくりを掲げる川勝知事は県議会（2010年3月8日）の答弁で「必要である」と前向きな姿勢を示している。

46億年の地球史の中で38億年前に誕生した生命はさまざまな環境に適応して多様性を生み出してきた。今年は「生物多様性条約第10回締約国際会議（COP10）」が10月に名古屋で開催される。また、本県の傑出した資源を「富士山世界文化遺産」および「南アルプス世界自然遺産」に登録することは380万県民の願いでもある。これらの案件を調査・研究する拠点となるのが自然系博物館であり、早急なる設立が望まれる。

NPO法人 静岡県自然史博物館ネットワーク 代表
池谷仙之

■執筆者

秋山信彦	東海大学海洋学部
朝倉俊治	静岡ライチョウ研究会
足立京子	NPO 静岡県自然史博物館ネットワーク
池ケ谷のり子	静岡木の子の会
池谷仙之	NPO 静岡県自然史博物館ネットワーク
石川　均	静岡昆虫同好会
石田吉明	東京都立赤羽商業高等学校
板井隆彦	静岡淡水魚研究会
市原　実	静岡大学農学部
枝　恵太郎	静岡昆虫同好会
大路樹生	東京大学大学院理学系研究科
小沢智生	元名古屋大学理学部地球惑星科学教室
小野田幸生	静岡淡水魚研究会
柏木治次	富士竹類植物園
加須屋真	富士常葉大学環境防災学部
加藤憲二	静岡大学理学部
加藤　進	地球科学総合研究所
加藤　徹	日本貝類学会
加藤英明	静岡大学農学部
金川直幸	静岡淡水魚研究会
蟹江康光	元横須賀市自然博物館
狩野謙一	静岡大学理学部
北里　洋	独立行政法人海洋研究開発機構海洋・極限環境生物圏領域
北野　忠	東海大学教養学部
北原佳郎	環境アセスメントセンター
北村晃寿	静岡大学理学部
久保田克哉	日本蜘蛛学会
久保田　正	東海大学名誉教授
久保田　実	静岡雙葉学園高等学校
栗田子郎	千葉大名誉教授
国領康弘	NPO 静岡県自然史博物館ネットワーク
後藤裕康	静岡県水産技術研究所
篠ヶ瀬卓二	富士地区地学会
佐々田俊夫	愛知教育大学理科教育講座
佐藤孝敏	遠州自然研究会
塩井祐三	静岡大学
柴　正博	東海大学自然史博物館
鈴木英文	静岡昆虫同好会
杉浦正義	静岡淡水魚研究会
杉野孝雄	NPO 静岡県自然史博物館ネットワーク
杉本　武	静岡昆虫同好会
杉山惠一	静岡大学名誉教授
諏訪哲夫	静岡昆虫同好会
清　邦彦	静岡昆虫同好会
高橋真弓	静岡昆虫同好会
竹内博治	NPO 静岡県自然史博物館ネットワーク
塚越　哲	静岡大学理学部
土屋　智	静岡大学農学部
豊福高志	独立行政法人海洋研究開発機構海洋・極限環境生物圏領域
中池敏之	元国立科学博物館
長島　昭	静岡県地学会
名倉智道	遠州自然研究会

新妻信明	元静岡大学理学部
新妻廣美	静岡大学教育学部
延原尊美	静岡大学教育学部
長谷川善和	群馬県立自然史博物館
伴野正志	NPO 静岡県自然史博物館ネットワーク
平井克男	静岡昆虫同好会
福井順治	静岡昆虫同好会
細田昭博	野路会
増沢武弘	静岡大学理学部
松浦秀治	お茶の水大学
松島義章	元神奈川県立生命の星・地球博物館
道林克禎	静岡大学理学部
三宅隆	NPO 静岡県自然史博物館ネットワーク
宮崎一夫	NPO 静岡県自然史博物館ネットワーク
山口寿之	千葉大学大学院理学研究科
山下雅幸	静岡大学農学部
横山謙二	NPO 静岡県自然史博物館ネットワーク
吉野知明	麻機自然観察会
林愛明	静岡大学理学部
若山典央	東北大学生命科学研究科
和田秀樹	静岡大学理学部

■写真撮影・協力

秋山信彦、朝倉俊治、飯塚久志、池田二三高、池谷仙之、石川均、板井隆彦、市原実、植田育男、宇式和輝、枝恵太郎、大路樹生、大場孝裕、奥田千賀子、小沢智生、海上保安庁、海洋研究開発機構、柏木治次、加須屋真、加藤憲二、加藤進、加藤徹、加藤英明、金川直幸、蟹江康光、河村正幸、北野忠、北原佳郎、北村晃寿、京大博物館、久保田克哉、久保田正、久保田実、栗田健、栗田子郎、県自然学習資料、小池正明、小泉金次、国土地理院データ、国立科博、国領康弘、後藤裕康、酒井孝明、篠ヶ瀬卓二、佐藤貴恵、佐藤武、佐藤元一、静岡河川事務所、静岡新聞社、静大キャンパスミュージアム、杉浦正義、杉野孝雄、杉本武、杉山惠一、鈴木英文、諏訪哲夫、清邦彦、高田晴男、高橋真弓、田口公則、竹内博治、塚越哲、東大総合研究所、豊福高志、中池敏之、長島昭、名倉智道、新妻信明、新妻廣美、西河遼、延原尊美、長谷川善和、浜松科学館、伴野正志、平井克男、福井順治、細田昭博、増沢武弘、道林克禎、三宅隆、宮崎一夫、山下雅幸、山下健、吉野知明、林愛明、若山典央、和田秀樹

■特定非営利活動法人（NPO）法人　静岡県自然史博物館ネットワークの概要

静岡県は多様な自然に恵まれ、生物地理や生態系、自然環境および自然防災を考える上でも重要な地域である。しかし、これらの研究や教育を行う機関も少なく、その研究成果を収集・保管し、展示・教育に活用する県立の博物館がいまだなく、そのためこれらの研究・保護活動を通じて収集された貴重な標本や資料は、県外へ流出したり、廃棄されているのが現状である。

私たちは、全国で唯一県立の博物館のない静岡県に、「県立自然史博物館」設立を強く希望し、県と協働しながら県民の財産と言える貴重な標本や資料を、後世に残したいと考えて、2003 年 2 月に設立許可を受けた会員約 300 人の NPO 法人である。

現在、当 NPO では、県立自然史博物館設立のために、県に働きかけを行うとともに、県企画広報部より静岡県自然学習資料保存事業を受託し、散逸が危惧されている自然史標本・資料の収集・保管を、清水区辻の静岡県自然学習資料センターで行っている。消失、散逸の恐れのある個人から寄贈された標本類は自然学習資料保存事業（2003 年より開始）によって順次整理され、すでに 30 万点余が保存され、博物館の設立にそなえている。

【NPO の活動】

当 NPO では、県内の豊かな自然の重要性を多くの県民に、楽しみながら学び・理解してもらうため、季節ごとに自然観察会を行っている。

また、夏休みには、ミニ博物館や収蔵コレクション展を開催し、自然学習資料センターで集められた貴重で珍しい標本を公開している。年 4 回の会報『自然史しずおか』を発行するとともに他県の博物館の見学会なども実施している。

会員には、正会員（年会費 3,000 円）、サポート会員（2,000 円）団体会員（1 口 5,000 円）賛助会員（1 口 10,000 円）があり、自然史に興味のある方は、ぜひ会員になって協力して欲しい。

詳しくは下記を見てください。

ホームページ　http://www.spmnh.jp/
E-mail　spmn-net@bz01.plala.or.jp

しずおか自然史

2010年10月10日　初版発行

監修者／池谷　仙之
編　者／NPO法人静岡県自然史博物館ネットワーク
発行者／松井　　純
発行所／静岡新聞社
〒422-8033　静岡市駿河区登呂3-1-1
電話　054-284-1666

印刷・製本　株式会社プラルト
ISBN978-4-7838-0548-9 C0040
●定価はカバーに表示してあります
●落丁・乱丁本はお取り替えいたします